三峡库区上游面源污染防控理论与实践

张晴雯　刘定辉 等　著

·北京·

内 容 提 要

本书在分析了三峡库区上游的自然、社会现状，农业面源污染特征的基础上，遵循用养结合、生态循环、水质保障的原则，以源头减负、多级拦截和资源化利用为基本思路，系统地提出了三峡库区及上游流域水田退水污染水肥一体化控制技术、旱作系统耕地保育及节水控污技术、种养废弃物一体资源化利用关键技术，并结合专业合作组织、土地流转与适度规模生产等形式，形成库区上游高强度种养流域基于种养平衡的农业面源污染多级阻控成套技术。本书可供农业生态、农业环境、水文、自然地理、国土整治、土壤物理、农林牧和水利等部门的研究人员及高等院校相关师生等参考。

图书在版编目（CIP）数据

三峡库区上游面源污染防控理论与实践 / 张晴雯等著. -- 北京 : 中国水利水电出版社, 2018.8
ISBN 978-7-5170-6868-6

Ⅰ. ①三… Ⅱ. ①张… Ⅲ. ①三峡水利工程－农业污染源－面源污染－污染控制－研究 Ⅳ. ①X501

中国版本图书馆CIP数据核字(2018)第206223号

书　　名	三峡库区上游面源污染防控理论与实践 SANXIA KUQU SHANGYOU MIANYUAN WURAN FANGKONG LILUN YU SHIJIAN
作　　者	张晴雯　刘定辉　等 著
出版发行	中国水利水电出版社 （北京市海淀区玉渊潭南路1号D座　100038） 网址：www.waterpub.com.cn E-mail：sales@waterpub.com.cn 电话：(010) 68367658（营销中心）
经　　售	北京科水图书销售中心（零售） 电话：(010) 88383994、63202643、68545874 全国各地新华书店和相关出版物销售网点
排　　版	中国水利水电出版社微机排版中心
印　　刷	天津嘉恒印务有限公司
规　　格	170mm×240mm　16开本　13.5印张　207千字
版　　次	2018年8月第1版　2018年8月第1次印刷
印　　数	0001—1000册
定　　价	**68.00** 元

三峡库区上游面源污染防控理论与实践著作人员

张晴雯　刘定辉　陈尚洪

展晓莹　黄新君　荆雪锴

前言

位于三峡库区上游的四川省是我国的产粮大省，也是西部地区唯一的粮食主产区，是我国三大生猪主产区之一，已有50个县纳入了国家1000亿斤粮食生产能力建设规划范围。作为粮食生产和消费大省，我国典型的小农为基础的粮食生产的代表，人地矛盾突出、粮食生产规模小，粮食自求平衡的压力不断加大，各种问题带来的环境污染日趋加重。这些问题的存在，使得粮食刚性需求增长面临巨大的环境压力。同时，四川有“千河之省”之称，但小流域水环境形势堪忧，农业面源污染已成为水体污染的主要因素，丘陵区严重的水土流失、过量施用化肥及畜禽养殖废弃物的大量直接流失，造成地表水、地下水的污染，使流经四川盆地的各级河流出现富营养化。根据四川省人口、农作物播种面积、化肥施用量、生猪存栏量等面源相关因素地域密度或单位面积负荷分布分析，高密度、高负荷区均位于嘉陵江流域中下游和岷江流域中下游及沱江流域。随着点源污染控制水平的不断提高，面源污染现已逐渐成为导致水体污染的主要原因。实现农产品的有效供给和粮食增产目标，绝不能以牺牲环境为代价，粮食生产必须与水资源承载能力相适应，加强农业面源污染防治、减少污染物入河入湖量，确保粮食增产和流贯四川盆地的岷江、沱江、嘉陵江“三江”流域水质保障协调发展。因此，开展三峡库区及上游流域农村面源污染控制研究，十分必要且极为迫切，切实保障三峡库区及上游水环境安全的前提下确保粮食增产任务。

在“国家水体污染控制与治理科技重大专项”“三峡库区及上游流域农村面源污染控制技术与工程示范”课题（2012ZX07104－003），公益性行业（农业）科研专项“坡耕地合理耕层评价指标体系建立”（201503119－01－02）以及“西南丘陵旱地粮油作物节水节肥节药综合技术集成与示范”（201503127）等项目资助下，遵循用养结合、生态循环、水质保障的原则，系统开展三峡库区及上游流域水田退水污染水肥一体化控制技术研究、旱作系统耕地保育及节水控污技术研究、种养废弃物一体资源化利用关键技术研究，结合专业合作组织、土地流转与适度规模生产等形式，形成库区上游高强度种养流域基于种养平衡的农业面源污染多级阻控成套技术，实现库区及上游典型流域坡地水土及特征污染物的多级拦截、负荷削减和资源化利用，达到三峡库区水-土-养分资源的优化与协调，最大程度地提高雨水资源的利用效率，削减库区因地表径流和种养不平衡所产生的泥沙及其所载负的氮、磷养分流失进入库区主干及支流流域，为三峡库区及上游流域农业面源污染负荷削减及水质保障提供行动方案。本书系统阐述了三峡库区上游面源污染防控理论与实践研究的最新成果。本书研究成果将为今后进一步深入研究提供基础、经验、借鉴，为三峡库区上游面源污染控制研究提供系统的科学信息。

本书是系统介绍三峡库区上游面源污染防控理论与实践的专著。全书包括七章：第一章阐述了三峡库区上游面源污染现状及源解析、流域面源污染的基本研究理论和方法、三峡库区上游面源污染防治技术对策；第二章分析了三峡库区上游坡耕地土壤结构稳定性及其对面源污染的影响；第三章阐述了以碳调氮的缓控释复合肥科学施用为核心的稻油轮作系统增效减负集成技术；第四章阐述了以径流调控负荷削减、坡地秸秆覆盖填施有机质用养结合的旱作坡地径流调控及氮磷流失阻控集成技术；第五章研究了以蓑草植物篱模式构建、减流减沙效应及机理、优化施肥与栽培技术为核心的植物篱径流泥沙拦蓄面源污染物控制模式；第六章阐述了畜禽养殖土地承载力测算、以种养结合为核心农业面源污染物控制模式；第七章在分析典型小流域水质时空变化及污染现状、小流域非点源污染模拟的基础上，提出了库区上游污染农业污染物多级控制方案，并对技术试验示范典型小流域水质监测进行了评估。

本书在完成过程中受到四川省农业科学院、四川省环保厅、四川省中江县农业局、四川省中江县仓山镇人民政府给予的大力支持，在此一并表示衷心的感谢。

为了提高本书的通读性和实用性，在本书编著过程中模型所用公式推导尽可能详尽，以供读者参考应用。本书可供农业生态、农业环境、水文、自然地理、国土整治、土壤物理、农林牧和水利等部门的研究人员及高等院校相关师生等参考。

限于著者水平，加之农业面源污染研究的长期性和复杂性等问题，所得结论不尽完善。恳请读者批评指正，也敬请各位专家、学者多提宝贵意见，以丰富及完善农业面源污染控制研究的理论与实践。

作者

2018年7月

目 录

第一章 三峡库区上游面源污染现状分析

第一节　三峡库区上游面源污染现状及源解析

1. 三峡库区上游概况

三峡工程是集防洪、发电、航运、供水等综合功能的一项特大型水利与生态工程，坝址位于宜昌市三斗坪。根据《三峡库区及其上游水污染防治规划（2001—2010年）》（简称《规划》），将三峡库区及其上游范围划分为三峡库区和重庆主城区（库区）、三峡库区影响区（影响区）、三峡库区上游地区（上游区）三个部分。包括从四川宜宾到湖北宜昌的长江干流江段，以及上游区的四川、云南、贵州三省岷江、沱江、金沙江、嘉陵江、乌江等主要流域，控制面积100万km^2，占长江流域面积的56%，年均径流量达4510亿m^3，约占长江年总径流量的49%。作为中国重要的战略水资源库，保障三峡库区及其上游的水环境安全具有十分重大的现实意义。

四川省位于三峡库区上游，面积为48.5万km^2，其中有46.7万km^2属于长江上游流域，其余属于黄河流域和长江-汉江流域。四川省辖21个市州，含181个县级行政区和4411个乡镇级行政区，其中乡2590个，镇1821个。2016年年末四川省总人口8262万人，占全国人口数量的5.98%，其中农业人口6139.5万人，占全国农业人口的10.41%。四川省粮油作物播种面积776.1万hm^2，占全国粮油作物播种面积的6.10%；粮油总产量3794.8万t，占全国粮油总产量的5.82%。粮食单产5397.5kg/hm^2，与全国水平（5451.88kg/hm^2）相当；化肥施用总量（折纯）249.0万t。2016年四川省生猪出栏量和产肉量分别为6925.3万头和494.48万t，分别占全国的10.1%和9.3%，并连续多年稳居全国第一。从养殖规模来讲，四川省年出栏50头以上生猪规模养殖比重69.7%，年出栏生猪500头以上生猪规模养殖比重34.6%。以上统计数据表明，四川省是中国的人口和农业大省，是粮食作物与畜牧产品的重要产地。近年来，随着种植业和畜牧业区域化、集约化、规模化程度的不断提高，中国粮食主产区出现养分投入过量、畜禽粪污无序排放等问题，导致农业面源污染问题严重，部分地区水体出现富营养化。

四川省山地面积大，平原面积小，丘陵山地占90.0%，平原仅占5.3%。四川省耕地总面积为77669km^2，其中坡耕地面积约65242km^2，占耕地总面积的84.0%，是主要的耕地类型。坡耕地在四川省的农业生产中占有重要的地位，但坡耕地的生产、生态问题十分突出，具有土层浅薄、结构性差和有机质含量低的特点，水土流失严重。四川省水土流失面积约12.10万km^2，占土地总面积的24.9%，其中水力侵蚀面积11.44万km^2，居全国第一，是长江上游以至全国水土流失最严重的地区之一。坡耕地的水资源与泥沙携卷着肥料与土壤养分一同流失，造成坡地土壤质量严重退化，同时也为下游水环境带来了巨大的风险。因此，三峡库区垦殖指数高、养殖无序排放、上游多丘陵坡地、水土资源匹配差等造成的水-土-养分严重流失的环境问题，是加剧下游水体及三峡库区水污染的主要根源之一。

2. 三峡库区上游水污染现状

近年来，三峡库区水体特别是支流水体富营养化现象出现的主要原因是库区上游污染物的汇入。据中国工程院《三峡库区及其上游水污染防治战略咨询研究报告》（2008年完成）成果，三峡库区上游三江流域（乌江、嘉陵江、长江上游干流）的面源负荷贡献在面源入库总负荷中占绝对优势；其中，长江上游干流（含岷-沱江）贡献最大，在各类面源负荷中占58%～76%；其次是嘉陵江，对化学需氧量（COD）、氮（N）、磷（P）负荷贡献较大，分别占18%、23%和20%。随着“十五”“十一五”和“十二五”期间三峡库区及其上游流域大批集中式污水处理厂等点源污染防治设施的投入，点源污染削减空间在缩小，相对以往而言，面源污染防治及其控制技术研究与示范显得尤为重要。研究也表明，高COD、N和P浓度是量大面广的农村生活源、种植肥料源、养殖排放源、农业生产废弃物源污水排放的主要特征。

上述监测结果与四川省人口、农作物播种面积、化肥施用量、生猪存栏量等面源相关因素单位面积负荷空间分布的结果相吻合（图1.1），高密度、高负荷区均位于四川省东部紧邻三峡库区区域，处在嘉陵江流域（含嘉陵江干流及其主要一级支流涪江、渠江）中下游和岷江流域中下游及沱江流域，即四川盆地平原丘陵区。四川盆地平原丘陵区产生的农业-农村面源污染（COD、N、P）负荷是嘉陵江、长江上游干流流域面源污染负荷主要组

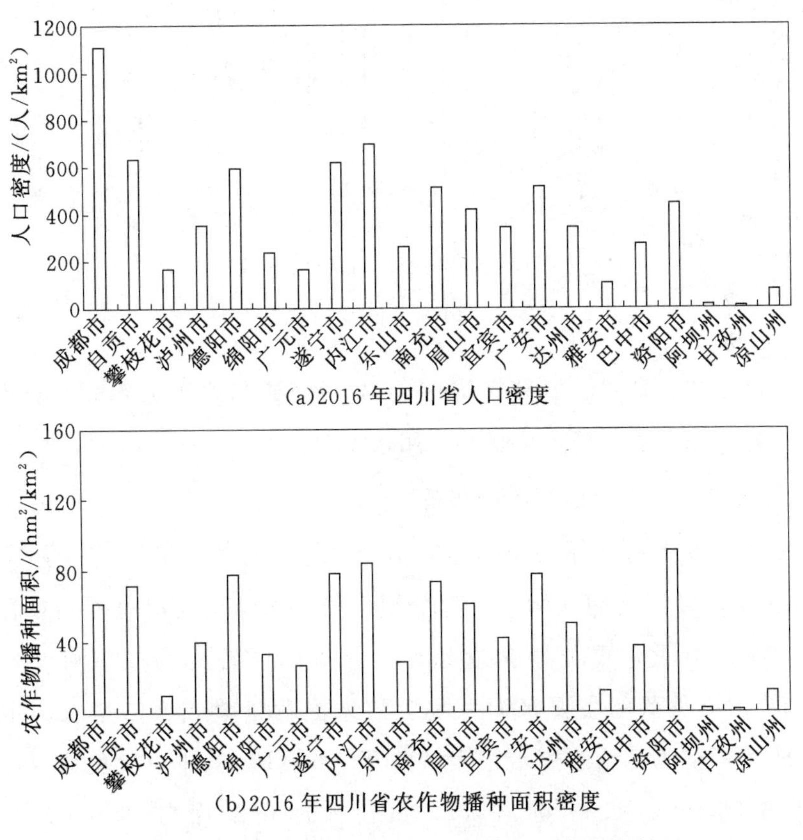

(a)2016年四川省人口密度

(b)2016年四川省农作物播种面积密度

图1.1（一）　四川省人口及种植、养殖状况

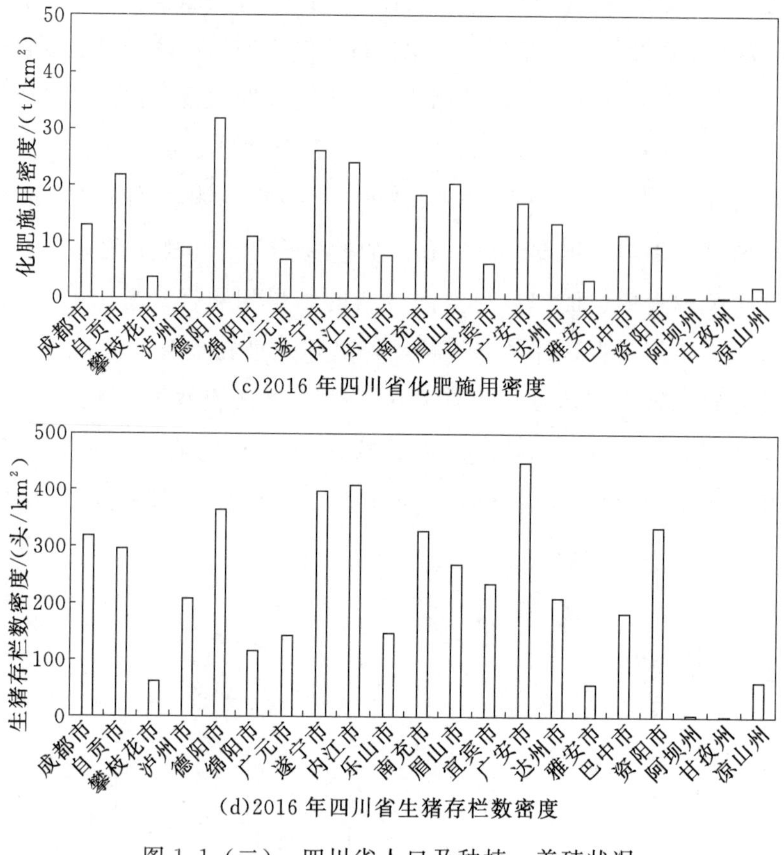

(c)2016年四川省化肥施用密度

(d)2016年四川省生猪存栏数密度

图1.1（二） 四川省人口及种植、养殖状况

成部分。在四川盆地平原丘陵区许多3、4级河流和溪沟水环境营养型污染明显，严重威胁了农村环境质量和饮用水安全。

3. 三峡库区及上游面源污染源解析

三峡库区及上游水体污染问题突出，水体中总氮（TN）、总磷（TP）、COD和重金属较以往明显增加，部分河、塘、库及次级河流受到氮、磷污染，富营养化严重，重金属含量超标。分析库区各种污染源可知，入库TN和TP污染负荷的主要来源一是上游来流背景输入，二是农田地表径流，这两大污染源都给水库带来大量的TN和TP，其中TN负荷入库贡献率分别占66.09%和30.84%，TP负荷入库贡献率分别占69.67%和24.03%。如果不考虑上游来流背景输入，库区农业面源污染TN和TP分别占本地污染源的91%和79%，农业面源污染已成为三峡库区水体富营养化的重要来源（图1.2）。

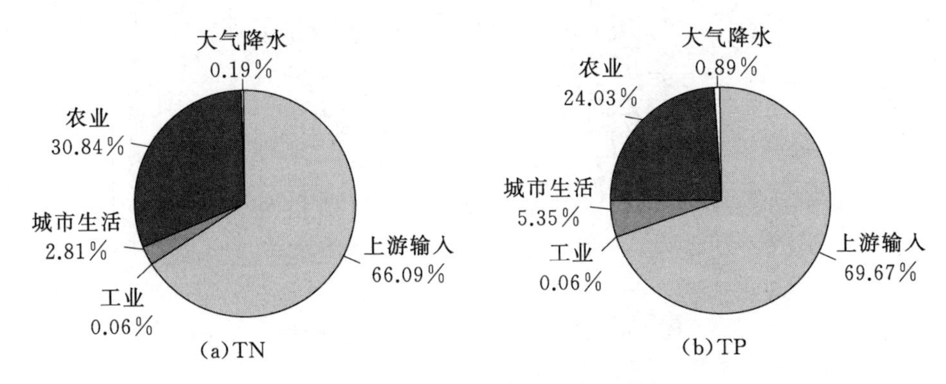

图1.2　三峡库区氮磷污染源分析

近年来，三峡库区及上游地区农业面源污染呈现加重趋势，其存在的主要问题如下：

(1) 坡地多，复种指数高，水土流失严重。库区地貌类型以低山丘陵为主，60%以上的土地为坡耕地，70%以上的土壤为可蚀性较差的紫色土；森林覆盖率低，人为破坏严重；气候四季分明，降雨集中。这些特殊生态环境条件十分有利于面源污染的发生。库区生态条件脆弱，三峡库区水土流失面积占幅员面积的60%，土壤平均侵蚀模数4500t/km^2，年泥沙流失总量2.22亿t左右，年入江泥沙量1.6亿t左右，带入的氮（N）、磷（P）、钾（K）物质16万t。

紫色丘陵区人口密度大，粮食与食品安全及社会经济发展的需求决定了该区域高垦殖、高复种、高强度利用的土地利用特点，必然导致严重的水土流失和生态环境脆弱，同时人口增长和耕地减少的趋势不可逆转，在土地利用上又会回到高垦殖、高复种、高强度利用的老路上去，形成贫困与水土流失的恶性循环（图1.3）。

水文站与侵蚀因子径流场的监测结果表明，在紫色土农区小流域，泥沙是全量养分流失的主要载体，约占98.9%以上；径流则是有效养分流失的主要载体。钾的流失量特别大，是紫色土养分流失的一个主要特征（表1.1）。

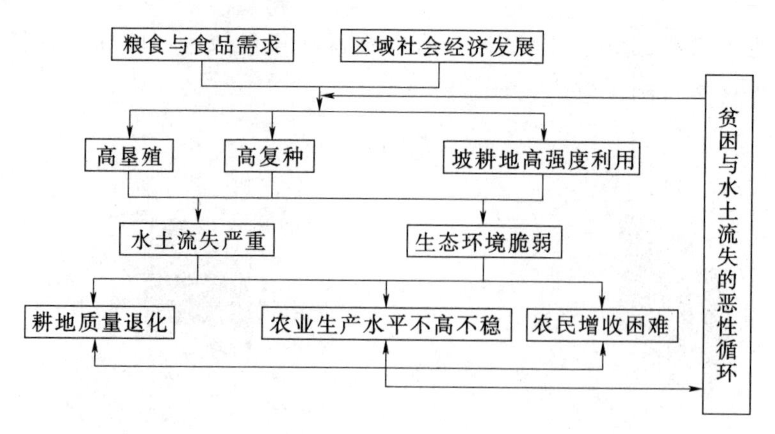

图 1.3　贫困与水土流失的恶性循环

表 1.1　　紫色土农区小流域土壤养分流失情况

土壤养分	有机质/(g/kg)	全量养分/(g/kg)			速效养分/(mg/kg)		
	OM	N	P_2O_5	K_2O	N	P_2O_5	K_2O
悬移值输沙	17.45	0.0138	0.0098	0.253	96.5	22.2	247.2
推移值输沙	6.60	0.0044	0.0119	0.255	26.0	4.4	156.5

(2) 农田养分施用不平衡。库区及上游流域人口众多，人均耕地少，人口-资源-环境问题矛盾突出，导致土地垦殖率高，森林植被破坏，化肥、农药、农膜等农用化学品大量使用，加之工业“三废”、城市生活污染物排放量高、处理率低，使农地、水体污染呈现加重势态，农业面源污染问题严重。

现代化农业的一个重要特征是施用化肥，农业产量至少有 1/4 是靠化肥获取的。四川是典型的农业大省，2016 年农作物总播种面积为 972.86 万 hm^2，过去 10 年间（比 2006 年）增加了 2.08%。其中，粮食作物播种面积 645.40 万 hm^2，经济作物播种面积 327.46 万 hm^2，分别占农作物总播种面积的 66.3%和 33.7%。与 2006 年相比，粮食作物比重下降 1.3 个百分点。农业生产发达，复种指数高（232.7%），化肥施用量大，氮肥的利用效率很低，当季氮肥利用率只有 30%～35%。农田污染输出包括农药化肥以及粪肥施用后，在地表径流作用下向水体排放，化肥的不合理施用不仅导致产量和品质的下降，还导致肥料的经济效益降低和严重的面源污染。

三峡库区19个区（县）150个乡镇的化肥和农药使用情况调查结果显示：库区共施用化肥（折纯量）16.6万t，其中氮肥11.1万t，磷肥4.3万t，钾肥1.2万t，分别占化肥施用总量的66.9%、25.9%和7.2%。每公顷耕地化肥施用量为1.0t，比上年增加22.3%。库区氮肥、磷肥和钾肥的施用比例为1∶0.39∶0.11，钾肥施用量严重不足，重氮磷肥、轻钾肥的现象明显。库区化肥流失总量为1.38万t，比上年增加14.0%。其中，氮肥1.11万t，磷肥0.21万t，钾肥0.06万t，分别占流失总量的80.4%、15.2%和4.4%。三峡库区森林覆盖率低，人为破坏严重，气候四季分明，降雨集中，这些特殊的生态环境条件十分有利于农业非点源污染的发生。库区化肥施用量上升，造成的面源污染压力加大，重氮磷肥、轻钾肥的现象更加明显，因此氮磷流失成为水体污染源之一。

（3）畜禽养殖污染。库区及上游畜禽虽经过控制但污染仍然严重。近年各地严格划分禁养区、限养区，要求集约化养殖实施"三同时"配套原则，取得了一定效果。但存在问题还很多，主要在于：养殖数量大，非集约化养殖还有一定比例，这部分污染控制有一定难度；养殖密度高，不具备就地粪污消纳条件导致污染。在畜禽污染的治理上，长期以来国内存在一个"达标排放"的思维定式。片面地认为，处理畜禽粪污必须建造复杂的构筑物和配置现代化的机械设备，致使处理工程投资大，运行费用高，养殖企业难以承受，即使建成处理工程，也仅仅作为摆设，不能发挥应有的作用。

农牧结合、种养平衡、粪污消纳作为畜禽养殖主要污染消纳方式，目前尚缺乏完善的规定和污染控制措施，虽然很多地方已经很好地实现了农牧结合种养平衡，达到了企业粪污零排放，但尚未形成畜禽养殖农牧结合污染控制完整的体系，导致各部门无据可依，是畜禽养殖面源污染问题的主要原因之一。因此，有必要从生态学的观点来重新审视畜禽养殖粪污所致的环境问题，并据此探寻解决畜禽养殖污染的方法。

（4）农村生活垃圾污水无处理排放。随着库区农村城镇化发展，人民生活水平不断提高，生活垃圾及生活污水逐年增多。目前，库区村民生活产生的固体垃圾较以前无论从数量上还是种类上都有所增加，对于这些固体垃圾，中国尚未对农村生活垃圾进行集中处理，大部分被农户随意堆放或倾倒于河道两侧，既容易堵塞河流，又严重污染水体，对农村居民身体健康造成威胁，而农村居民生活污水几乎都是未经任何处理就直接排放，有的排入水体，有的排入土地系统，经土地系统渗出的污水约有10%进入水环境，故对环境的污染必定加重。

（5）工程影响。三峡工程建设进一步加重了对库区及上游流域生态环境的压力。工程建设将通过直接或间接途径对水环境安全产生重大影响。工程将淹没大面积土地，淹没土壤主要为肥力水平高的冲积土和水稻土，直接加剧了库区人口-资源-环境的矛盾；土地复种和化肥、农药用量将可能大量增加；干、支流水文条件的改变：水面变宽、水体深度加深、流速减缓、污染物扩散能力和水体复氧能力下降，导致水库淤积，水体自净能力显著下降；淹没后将成为水体N、P等营养物质的重要释放源；消落区周期性淹水，土地干湿交替，N、P、重金属等污染物的释放迁移加剧；微气候变化，夏季气温下降、冬季气温增加，库岸区病虫害风险增加，农药使用增加；库区内有流域面积大于100km^2的一级支流40多条，长江干流部分江段及不少支流水质已达不到Ⅲ级，部分支流和次级河流受流域内面源污染严重。库区水体，特别是库岸周边静水区、河弯区，存在水体富营养化的趋势和重金属、农药污染的风险。

（6）经济落后，生产粗放。库区农业的整体水平不高，科技含量和农民环境意识较低，特别是长期以来农业生产还相当粗放，带来的资源短缺、生态破坏和环境污染问题日益明显，已成为制约农村和农业可持续发展的重要因素。

第二节 流域面源污染的基本研究理论和方法

1. 面源污染的概念

面源污染（Diffused Pollution），又称非点源污染（Non - Point Pollution），是指在降雨、径流的淋溶和冲刷作用下，大气、地面和土壤中的污染物进入江河、湖泊、水库和海洋等水体而造成的水环境污染，广义的面源污染包括城市面源污染与农业面源污染。农业面源污染主要来自于四个方面：一是种植业中肥料的流失；二是畜禽养殖业污染物的流失；三是农村生活污染物的流失；四是水土流失。据统计，美国的面源污染负荷占到了总污染负荷的2/3，而面源污染中有57%～75%来源于农业活动；在欧洲，超过50%的TN由农业面源污染导致，丹麦的270条河流中，农业面源污染贡献了92%的TN和52%的TP，英国水体中70%以上的硝酸盐来自农业。中国的氮肥当季利用率只有30%，剩余的氮大部分通过径流或淋溶的方式进入周边水体或地下水，进入大气的活性氮（NH_3、NO_x 和 HNO_x）也会通过沉降的方式进入水体。因此，狭义的面源污染也指农业面源污染。

2. 面源污染的基本特征

控制面源污染的关键首先在于需要对污染源进行源解析、污染负荷的估算并分析其空间分布特征。但在实际操作中，面源污染的研究是一个非常复杂的综合性难题，其原因在于面源污染具有以下特点：

（1）从空间上来说，面源污染源较为分散，它可以发生在流域内的任何地方，随流域内土地利用状况、地形地貌、水文特征、气候、天气等的不同而具有空间异质性和时间上的不均匀性。排放的分散性导致其地理边界和空间位置的不易识别。此外，由于非点源污染涉及多个污染者，在给定的区域内它们的排放是相互交叉的。

（2）从时间上来说，大多数面源污染问题发生的时间也是不确定的。例如，农作物的生产会受到天气的影响，因为降雨量的强度、空气温度、空气湿度的变化会直接影响化肥、农药等对水体的污染程度。若施用化肥即遇到降雨，造成的面源污染将会十分严重。由于化肥和农药在农田存在的时间较长，通常一次化肥或农药的使用所造成的面源污染将是长期的。

3. 流域尺度面源污染负荷的估算方法

由于面源污染存在着随时、随地发生且来源难以界定的特征，因此很难具体地定点监测，流域尺度面源污染负荷大多采用估算的方法。目前，区域尺度的农业面源污染负荷估算的方法主要有四种：平衡法、排放清单法、统计模型法和机理模型法。

（1）平衡法。平衡法用于早期的农业面源污染研究，对于已知污染物总负荷的流域来说，减去点源污染的负荷量、流域的污染物沉降量，即为面源污染的负荷。计算所得的负荷被看作是农业面源污染负荷量的最小估计值。中国早期滇池、太湖和鄱阳湖等湖泊的水体富营养化中农业面源污染贡献率估算和评价就采用此方法。

（2）排放清单法。首先选择基本研究单元，采用研究单元内的活动数据，如肥料施用量、家畜年末出栏量、乡村人口数与对应产污系数相乘的方式计算各个污染源的排放负荷。排放清单法数据搜集较为简单，适用于年均污染负荷量的计算，不考虑中间过程或内在机制，为"黑箱"研究。

（3）统计模型。20 世纪 60 年代，国外学者对面源污染的定量化研究一般采用统计模型的方法。统计模型法是通过建立流域受纳水体中污染物负荷与土地利用、径流量等的线性或非线性方程来计算污染物贡献率和负荷。这种方法不需要较多的数据来源，方程的拟合也较为简单，是农业面源污染研究早期常用的手段。但这种方法与排放清单法一样，难以描绘面源污染的过程与机理，其局限性也是明显存在的。

（4）机理模型。20 世纪 80 年代以后模型发展迅速，从统计模型转入机理模型，机理模型能够反映农业面源污染产生与迁移过程及环境影响，研究领域也由之前对贡献率和总负荷的关注，拓宽至对面源污染特征、机理、空间分布以及相关的影响因子等的研究。目前国内外应用范围较广、认可度较高的模型有 4 个：AGNPS（Agricutural Non - Point Source）模型、AnnAGNPS 模型（Annualized Agricutural Non - Point Source）、HSPF（Hydrological Simulation Program - Fortra）模型、SWAT（Soil and Water Assessment Tool）模型。

AGNPS 模型用于研究面源污染物对地表水和地下水质的潜在影响，适用于集水面积在 200km^2 以下的流域，定量估计来自农业区域的污染负荷，评价不同管理措施的效果。在用 AGNPS 模型模拟美国堪萨斯州 Cheney 水库流域的不同亚流域营养物负荷时，采用 AGNPS - ARC INFo 界面来提取 GIS 中的信息，并用测量值进行校正。结果显示模型在有充足降雨数据的较小型流域中的模拟过程效果较好。AGNPS 模型在应用于农用小流域氮磷负荷的评估中，发现顶峰阶段流量，总氮、总磷的模拟值和观测值相似系数均达到显著水平。AGNPS模型对于拟合热带流域的径流、泥沙含量，总氮和总磷浓度方面都能取得较好成效，但在流量高峰期还不能准确地进行模拟。此外，AGNPS模型是场次降雨模型，无法对流域内面源污染进行长期预测，在应用中具有局限性。

AnnAGNPS模型是以AGNPS模型为基础的改进模型，其以日为基础连续模拟一个时段内每天累计的径流、泥沙、养分、农药等输出结果，模型按照流域水文特征将流域划分为一定的单元，即按集水区来划分单元，可用于评价流域内非点源污染的长期影响；根据地形水文特征进行流域集水单元的划分，模拟的流域尺度更大。AnnAGNPS模型对于流域中氮负荷的模拟值与测量值在置信度为95%的范围内无差别。应用AnnAGNPS模型也可以用于对土地利用方案进行评价。AnnAGNPS模型在九龙江、千岛湖、柴河上游等小流域均有应用，模型预测结果与实测结果在一定误差范围内基本一致，表明该模型应用于农业面源污染负荷估算及评价是可行的。

HSPF模型是美国环保署开发的一个确定性集总参量的连续性流域水文模型。模型可以自动提取模拟区域所需要的地形、地貌、土地利用、土壤、植被、河流等数据进行非点源污染负荷的长时间连续模拟，并把模拟结果与所存储的实测数据进行比较，以验证模型。自1980年以来，HSPF模型在国外被广泛地用于模拟径流中泥沙，营养物，农药等负荷的模拟，并取得了精确的结果。HSPF模型与GIS技术结合，利用PRZM3模型划分子流域，被用于美国加利福尼亚州中部圣华金河沿岸农地面源污染状况研究，并提出优化方案。

对美国塞巴斯蒂安河流域South Prong地区总泥沙、总磷和总氮含量进行模拟时采用了暴雨采样的方法，在涨水期，顶峰期和落水期分别采集了水样并用HSPF模型同时进行了模拟，结果显示模拟得到的暴雨径流负荷和测量值吻合良好。应用HSPF模型模拟20271km^2的大型流域的污染物负荷（包括大坝运行），并用最佳管理措施BMPs对其进行评价，得到的模拟结果对大型流域的大坝运行措施及混合土地利用等方面都是有显著作用的。用HSPF模型模拟混合型小流域的径流和泥沙产量，得到的结果和测量值基本符合，研究还显示了HSPF模型能够预测营养物季节性最大流失。这个研究也证实HSPF模型非常适合于复杂的多植被小流域。在国内HSPF模型被用于滇池流域的水文、水质模拟，定量地计算出四种污染物（SS、BOD、TN、TP）的面源污染负荷，为流域面源控制方案的实施提供了科学的评估依据。借助HSPF模型，对深圳西丽水库流域的水量水质进行了动态模拟，发现面源污染是造成水库水质污染的主要原因，果树施肥是水库氮、磷污染的主要来源，减少化肥使用量可以使非点源污染负荷明显降低。

SWAT模型，由美国农业部（USDA）的农业研究中心（Agricultural Research Service，ARS）Jeff Arnonld博士研发。由水文过程子模型、土壤侵蚀子模型和污染负荷子模型三个子模型组成，采用日为时间步长连续计算，是一个具有很强物理机制的长时段分布式流域水文模型。它能够利用GIS和RS提供的空间数据信息，预测复杂大流域中不同土壤、土地利用和管理措施对流域径流、泥沙负荷、农业化学物质运移等的长期影响，适宜较长周期、大流域的水土预测、非点源污染模拟研究。近几年SWAT模型已在世界大部分国家和地区推广和使用。应用SWAT模型对北非Medjerda流域不同管理措施对地表水的潜在影响进行研究，结果表明流域氮、磷负荷的增加主要来源于化肥施用量的增加。使用SWAT模型模拟美国爱荷华州得梅因河流域硝态氮的负荷，并评价减少氮负荷的管理措施，通过长达11年对模型的校准和验证，取得了一系列较好的结论。显示了SWAT模型在贯彻有效减少污染物负荷的措施上具有指导意义。在国内，SWAT模型的应用也很广泛，对西北寒区、黑河高海拔山区以及长江上游的水量水质模拟效果良好，用于研究这些区域的水温过程、水量平衡以及气象环境的影响。

研究流域尺度面源污染的方法众多，也各有优缺点。目前其应用范围多依赖于数据的丰富程度，未来通过多方法或多模型融合手段对面源污染进行研究可以减小误差，提高结论的准确性。

第三节　三峡库区上游面源污染防治技术对策

三峡库区上游四川省农业面源污染主要包括种植业生产过程的农业废弃

物、农药、肥料，畜禽养殖业面源污染及小城镇和村庄生活面源污染带来的面源污染三个方面。在了解了三峡库区上游四川省农业面源污染特点和污染分布的基础上，根据四川省农业发展经济水平和污染类型，从种植、养殖以及种养结合层面寻求适宜面源污染综合控制技术及对策是三峡库区上游农村综合面源污染控制的关键。

1. 坡耕地径流泥沙调控及面源污染控制

紫色丘陵区的坡耕地多，面积大，约占旱地的70%。由于基岩倾斜，地块多呈不同程度的坡度，而且土壤的熟化度低、胶结性差，加之常规的耕作不当，导致了大量的水土流失。水土流失不但造成土层薄、结构差、水热状况失调、养分缺乏、限种作物单一、常年产量不高不稳，并且还影响江河排洪与引发洪灾，特别是对长江中下游的水利水电工程和防洪设施以及良田沃土与人民生命财产安全的影响尤甚。旱坡地改造与水土流失的综合治理是该区域生态环境保护与建设的重要内容。

(1) 增厚土层技术。土壤是一个天然水库，其调蓄降雨和粮食生产能力与土壤厚度密切相关，研究表明，土层厚度每增厚10cm，其蓄水能力增加25～35mm。当土壤厚度为20cm时，降雨利用率仅为6.45kg/(hm^2·mm)，土层厚度达80cm时，降雨利用率可达13.2kg/(hm^2·mm)。影响不同土层厚度土壤纳雨保墒能力和土壤水分稳定性的主要原因是壤中流损失，土层厚度每增加10cm，壤中流损失可减少13mm。建设土壤水库的首要任务就是不断提高土层厚度。利用紫色母岩易风化的特点，在不影响当季作物产量的前提下，采用聚土垄作法，不断深撬母岩，促其风化，可逐步增厚土层。应该认识到，增厚土层是一项长期而艰巨的任务，要与其他农业技术措施有机结合，长抓不懈才会取得预期的效果。

(2) 覆益栽培技术。紫色土旱作农业区，冬干春旱严重，采用覆盖技术，能有效防治坡耕地水土流失，保持土壤水分，增加土温和培肥地力。秸秆覆盖能降低降雨侵蚀力，增强土壤抗冲性。一般情况下，施用1.5t/hm^2秸秆可达到80%的减沙效果，粮食产量提高4%～7%。同一覆盖量的减沙率与坡度关系不大，但减沙量却差异很大。在8°和14°坡度上进行秸秆覆盖试验，覆盖秸秆1500kg/hm^2（干重），尽管不同坡度的泥沙减少量和径流减少量百分数是相近的，但绝对泥沙和径流的减少量差异很大，均随坡度增大效益越更明显，因此秸秆覆盖特别适合于中、高坡度。

（3）格网式垄作技术。紫色土丘陵山地的主体种植模式是小麦/玉米/甘薯三熟制，传统的耕作方式是顺坡种植，虽然操作方便，但土壤、水分和养分的流失十分严重，因此不少地区已大面积推行横坡垄作方式。格网式垄作法具有防蚀、保墒和增产的多重效果。格网式垄作的具体作法是：1.8m 或 2m 开厢，小麦、玉米为顺坡种植，甘薯厢横打与玉米带垂直。格网式垄作采用封闭式垄沟结构，其沟有效容积达 $100m^3/hm^2$，可直接拦截降雨并使地表径流就地入渗，从而大幅度减少水土流失。格网式垄作对水土流失的调控能力随坡度增大而减弱，坡度增大，其沟的有效容积降低，且易受径流冲刷而溃决。因此，中低坡度应用效果最佳。

（4）加强坡耕地改造，建设高产稳产粮田。坡耕地“陡、薄、瘦、蚀、旱”，产量仅为水平梯地的 60%左右，坡改梯地后降雨就地入渗时间明显延长，水土流失和流域输沙也大大减少。坡改梯工程不仅是一项改土工程，也是一项生态建设工程。自 1996 年起四川省农业厅和四川省农科院对坡耕地改造的关键技术进行了长达 10 余年研究，制定了 DB51/T 1196—2011《四川省坡改梯工程建设技术规程》。该规程集科学性、实用性、系统性、规范性为一体，制定了建设“平、厚、壤、固、肥”梯地的 43 个一级标准和 55 个二级标准，是四川省坡耕地改造和高产稳产粮田建设的重要技术储备和支撑。在实践中发明的专用预制件系列产品实现了改土材料、生产方式和施工技术的创新。根据坡坎受力特点，利用三角形稳定性原理，由三脚架、稳固钉、挂耳和挡土板预制件组成的预制件砌埂技术比石料梯坎每 1m 节省投资 3.8（坎高 80cm）～21.4（坎高 1.3m）元。根据坡耕地改造的定点观测，改造后的梯地土壤性质有了明显改善，土壤质量得到显著的提高，种植粮食作物 $1hm^2$ 年平均新增粮食生产能力 2257.5kg，种植经济作物 $1hm^2$ 年平均新增产值 3180 元。加强坡耕地改造与高产稳产粮田建设是紫色丘陵区农业生态环境保护和水土流失防止的重要措施，更是稳定粮食生产、增加农民收入的重要途径。

（5）加强集雨开源微水工程建设，推广节水灌溉新技术新产品。紫色丘陵区降雨总体较丰富，但降雨时空和年度分布不均，区域性、季节性干旱问题突出，又不具备修建骨干水利工程的条件，通过坡面水系治理、三沟三池配套、渠道防渗、丘体间封闭式低压管道输水、塘堰整治等微水工程建设是改善脆弱的农业生态环境，提高降雨利用率和对雨水资源的时空调控能力，提高旱地作物生产力和水分利用效率，实现自然降水资源化、产业化的重要途径。通过对 $1hm^2$ 旱地“三池”连续两年的观测结果表明：总容量 $155m^3$ 的大小蓄水池 10 余口，年蓄水量达 $2523m^3$，其容积利用率为 163%。提供灌溉用水 $114m^3$。为了发挥微水工程的最大效益，必须大力推广节水灌溉技术。加强小流域水分循环规律、作物需水规律和土壤干旱指标体系的研究，采用非充分灌溉、调亏灌溉等先进技术，制定本区域主要农作物的灌水定额和节水灌溉制度，促进生态环境的良性循环。

2. 基于种植业结构调整与优化的区域农业面源污染控制

农业废弃物污染除化肥、农药包装等危险废弃物外，主要包括各种秸秆、菜渣以及农产品粗加工残留物。这类废渣产生量大，农民除焚烧秸秆外，还经常往河道内倾倒，或堆积在河岸，造成污染。四川省以成都市为龙头，规划对全市范围农村废弃物进行规范化处理，秸秆集中将用于生产衍生燃料和发电。目前主要科技需求是衍生燃料低成本生产技术。

农田污染输出包括农药、化肥以及粪肥施用后，在地表径流作用下向水体排放，目前主要科技需求是典型作物和典型地区开展农田种植清洁生产技术；包括需求粪肥和化肥施用和输出污染控制；同时将有机食品生产与污染控制相结合，以面源污染控制为主导，结合粪污消纳和有机食品种植形成面源污染的控制种植模式；农村面源输出水体生态修复技术等。

在坡耕地保护利用方面，大力发展粮草、果草轮作制度和农林复合种植模式，既可有效防止水土流失，用养结合，培肥地力，提高粮食作物产量。又可以粮草结合、农牧结合，促进畜牧业的发展。

（1）宽带多熟节水型种植制度与模式。宽带种植是在原有窄带（1～1.33m）和中带（1.67～2m）麦玉薯三熟三作基础上，带距调整为 3.33～4m，每带对半开，分甲、乙两带种植，第 2 年秋季两带相互轮作。宽厢带植促进了旱地三熟三作向三熟四（五）作发展。大大提高了土壤生物覆盖率，从而有利于减少水土流失，提高降雨利用率和作物水分生产效率，进而提高土地的生产能力。耕作制度的改革促进了旱地种植业结构的调整和优化。经多年研究和实践，在作物种类及组合的选配上，总结提出了粮粮型、粮饲型和粮经型三种主体模式。

1）粮粮高产型：小麦＋马铃薯（大麦、蚕豆）/玉米/甘薯＋秋豆；小麦＋马铃薯（大麦、蚕豆）/玉米/玉米＋甘薯为主体种植模式，即冬季预留行间作马铃薯、大麦、蚕豆等粮食作物，夏秋季空行种植玉米或秋豆。

2）粮饲用养型：小麦＋蚕豆（绿肥）/玉米/甘薯＋秋豆（饲草）为主体种植模式，即冬季预留行种植胡豆或箭舌豌豆等肥饲兼用型作物；玉米收获后秋季空行种植秋豆或籽粒苋等富钾绿肥。

3）粮经高效型：小麦＋蔬菜（菜豌、青豆）/玉米（甜玉米、西瓜、菸），甘薯＋秋菜主体种植模式。冬季预留空行种植蔬菜、食荚豌、青豆等经济作物，夏秋季发展花生、西瓜、土烟、秋菜等经济作物。

（2）果-草-畜农林复合发展技术。果-草-畜农林复合发展技术是近年来提出的生态保护型种植模式，其具体做法是：果草间套，通过适生牧草种植增加土壤盖度，改善土壤抗侵蚀环境，减少水土流失，培肥地力，提高土壤质量，保护生态环境，在此基础上逐步控制化肥用量，改善水果品质。同时利用牧草饲养草食牲畜，发展畜牧业，促进农业产业结构调整和农民增收。其核心技术为：丘陵坡耕地建园的土地调形技术、果园品种布局与高效栽培技术；果园适栽牧草品种搭配及栽培技术；草食牲畜繁育及舍饲养殖技术。该模式在威远县严陵镇集中成片示范1000余亩，经济、社会生态效益十分显著，得到了当地群众和各级政府的首肯和高度赞扬。今后将加大该模式对生态环境保护和水土流失防止的机理和过程的研究。

（3）经济植物篱和植物护埂技术。运用植物篱治理水土流失就是在坡耕地上按照一定间距，带状密植且能形成具有挡土墙功能的活篱笆农林复合新模式。随着生物篱的形成，坡耕地也随之演变成水平梯地。在中、低坡度采用果树（梨、枇杷）＋黄花、香椿矮化密植等经济植物做篱，可减少土壤流失43%，粮食产量增加7%，黄花、香椿效益2250元/hm^2左右。在坡度较大耕地上采用紫穗槐、山毛豆、新银合欢等豆科植物作篱可不断培肥土壤，研究表明，在21°的坡地上，土壤流失量比顺坡种植减少63%～65%。在坡地改梯地上采用经济作物护埂。可大大降低改土费用，将生态效益和经济、社会效益有机结合，植物篱品种可选用蓑草、紫背菜、枸杞、茉莉花、多年生饲草（扁穗牛鞭草、小冠花）、金银花等。

经济植物篱农林复合，经济效益和生态效益并重，是当前紫色丘陵高垦殖生态脆弱区生态建设和水土流失防止的重要技术模式，应加大示范推广的力度。在推广应用过程中应根据当地实际情况，选择本区域最适宜的植物篱品种与模式，并加强植物篱生产管理、病虫害防治以及产业化发展方面的研究和探索。

（4）种养结合的面源污染控制。农村散户养殖污染是典型的面源污染问题，而集约化养殖的污染物处理中国纳入了农业点源污染控制范畴，但与单纯点源有所不同，集约化具有点源和面源污染的共同特征，集约化养殖污染源控制采用农牧结合方式控制污染，就成为需要“点”“面”结合才能有效实现污染控制的污染源，而种养结合从面源污染控制消纳污染是最终消除集约化养殖污染问题的根本方式。

中国养殖业由家庭养殖走向集约化，传统的种养平衡被打破，区域性土地消纳量增加，粪肥消纳需要的土地面积、储存时间、施用设施及施用方式在一些地区也与养殖粪污产生量脱节，造成种养平衡难以完全实现，出现了高密度养殖区域沼液粪污排入水体或土地用肥过度，部分地区水体、土壤出现严重污染的情况。解决好农牧结合、种养平衡的污染控制问题是解决畜禽养殖面源污染控制的关键之一，农牧结合污染控制技术应该成为中国畜禽养殖污染防治的主导技术。

畜禽养殖面源污染控制的主要需求是建立完善的农牧结合污染控制体系，其中包括土地承载力法定指标体系确立，农田消纳多因子影响关联，粪肥储存周期及储存设施深度处理技术研究，粪肥输送、施用及优化输出污染控制技术研究，散户粪污消纳标准化技术及设施研究等主要内容，对一些辅助技术可以进一步延伸。

3. 畜禽养殖面源污染控制

四川省畜禽养殖方式包括圈养和放养，圈养主要在农区，有集约化养殖、散户养殖，牧区主要采用放养方式。牧区主要分布在川西地区，放养污染对流域的影响较小，对生态影响和污染问题不纳入本书的讨论范围。农村散户养殖污染是典型的面源污染问题，而集约化养殖的污染物处理中国纳入了农业点源控制范畴，但与单纯点源所不同，在一定程度上集约化也具有点源和面源污染的共同特征，集约化养殖污染源控制采用农牧结合方式控制污染，就成为一种需要“点”“面”结合才能有效实现污染控制的污染源，特别是国家畜禽养殖排放标准值很高，从面源污染控制角度也是最终消除集约化养殖污染问题的根本方式。

畜禽养殖农牧结合粪污消纳是中国乃至世界绝大部分国家畜禽养殖污染控制及农村循环经济的主要采取的方式，随着中国养殖业由家庭养殖走向集约化，传统的种养平衡被打破，区域性土地消纳量增加，粪肥消纳需要的土地面积、储存时间、施用设施及施用方式在一些地区也与养殖粪污产生量脱节，造成种养平衡难以完全实现，出现了高密度养殖区域沼液粪污排入水体或土地用肥过度，部分地区水体、土壤出现严重污染的情况。虽然四川省及我国一些畜禽养殖企业很好地实现了种养平衡，但绝大多数地区还普遍存在不同程度的污染问题。解决好农牧结合、种养平衡的污染控制问题是解决畜禽养殖面源污染控制的关键之一。

但与发达国家相比，我国还存在较多问题，特别是我国缺乏农牧结合粪污消纳相关系统的完善的规定和污染控制措施。虽然国家最新颁布的污染控制规范增加了几条内容，但仍然未形成农牧结合污染控制完善的体系，给污染控制带来很大困难。

四川省畜禽养殖面源污染控制的主要需求是建议完善的农牧结合污染控制体系，其中包括土地承载力法定指标体系建立，消纳土地多因子影响关联，粪肥储存周期及储存设施深度处理技术研究，粪肥输送、施用及优化农田输出污染控制技术，散户粪污消纳标准化技术及设施研究等。

4. 农业面源污染监控及管理

农村面源污染问题引起各级政府及相关机构的重视，也引起许多科研单位的关注，进行了各种各样的调查研究和试验研究，但多为阶段性的或短期的，得到的数据信息也是非连续性的或间接的，缺乏长期、系统、连续地专门针对农业面源污染状况的监测或监控数据，没有能客观科学反映农业面源污染实际动态状况的第一手资料。不利于农村面源污染控制绩效考核和农村环境管理。

本书选择具典型农业区域代表性的小流域进行面源水污染监控试点研究，包括指标体系、监控方法、技术规范及监测实验等方面的研究，为连续系统掌握农村面源污染实际状况、农村面源污染控制绩效考核、加强农村环境管理及污染防治、建设社会主义新农村提供决策依据。

第二章 坡耕地土壤结构稳定性

为研究库区上游的土壤结构特征，以四川省德阳市中江县为研究区，选择沱江流域典型的紫色土坡耕地土壤为调查研究对象进行研究。该地区平均海拔560m，属亚热带湿润季风气候，年均气温16.7℃，年平均日照1317h，无霜期287d，年平均降水量882mm。旱坡地主要种植作物为小麦、玉米、油菜。供试土壤为侏罗纪遂宁组母质发育的紫色土，土层厚度均小于50cm，经过长期耕作有机质含量不足10g/kg，土壤颗粒较粗，黏粒含量约占10%，质地砂壤，抗侵蚀能力弱。

在研究区域内选取种植制度、管理方式一致的典型坡耕地共9块，按照所处坡度不同，将其划分为缓坡（0°～5°）、中坡（5°～10°）、陡坡（15°～20°）三种坡度，各样点概况见表2.1。

表2.1　　样　点　概　况

坡　度	样点编号	实际坡度	坐　标	种植制度
缓坡（0°～5°）	A1	1.8°	N30°36′35.2″ E105°1′10.5″	玉米—小麦
	A2	2.4°	N30°37′7.5″ E105°1′0.5″	玉米—小麦
	A3	3.2°	N30°36′44.2″ E105°1′19.5″	玉米—小麦

续表

坡　度	样点编号	实际坡度	坐　标	种植制度
中坡 (5°～15°)	B1	9.8°	N30°36′42.8″ E105°1′32.5″	玉米—小麦
	B2	10.6°	N30°37′11.3″ E105°1′1.9″	玉米—油菜
	B3	8.5°	N30°36′44.6″ E105°1′18.4″	玉米—油菜
陡坡 (15°～25°)	C1	19.5°	N30°36′43.1″ E105°1′34.7″	玉米—油菜
	C2	16.3°	N30°37′4.1″ E105°1′10.0″	玉米—油菜
	C3	17.1°	N30°36′5.3″ E105°1′25.1″	玉米—油菜

第一节　坡耕地土壤结构

1. 土壤基本指标

(1) 土壤容重。土壤容重（Bulk Density，BD）是土壤的主要物理特性之一，它与根系的穿透阻力、土壤含水量、土壤通气性以水肥利用率密切相关（宋日等，2000）。同一坡度坡耕地土壤容重随土壤剖面深度的增加而增加（图 2.1），0～10cm 土壤容重在 1.1～1.3g/cm^3，10～20cm 土层容重增加至 1.4～1.6g/cm^3，20～30cm 土层土壤容重最大在 1.48～1.66g/cm^3。用 k 表示坡耕地土壤深度每增加 10cm 土壤容重的增加量。k 值越大，土壤容重随土层深度的增加变化越快。结果表明，研究区坡耕地耕层厚度为 10cm 左右，在 0～10cm 土壤适宜耕作，10～30cm 土壤耕作性较差。坡度可以影响坡耕地的容重分布，坡度越陡，0～10cm 土壤容重越高。本研究的土壤容重范围与以往有关紫色土坡耕地的研究结果（王轶浩等，2013；赵鹏等，2013；苏正安等，2009）一致。此外，土壤容重随土层深度变化的幅度不同。缓坡区坡耕地 k 值最大，而中坡区坡耕地和陡坡区差异不明显（图2.1）。这可能是因为陡坡不利于机械进行翻耕，因此陡坡坡耕地大部分是人力耕作导致的表层土壤容重增加，缓坡区土壤容重的增加则主要是农机具的压实所造成的。另外也可能是因为耕具对坡耕地造成的压实逐渐向下层土壤传导，但由于坡度的存在，农机具对土壤的压力分为垂直于坡向下的正压力和沿着坡向下的分力。正压力能够导致土壤压实并增加土壤容重，但坡度越陡，正压力越小，因此压实作用越弱，故陡坡区坡耕地 0～30cm 土壤容重变化小于缓坡区。

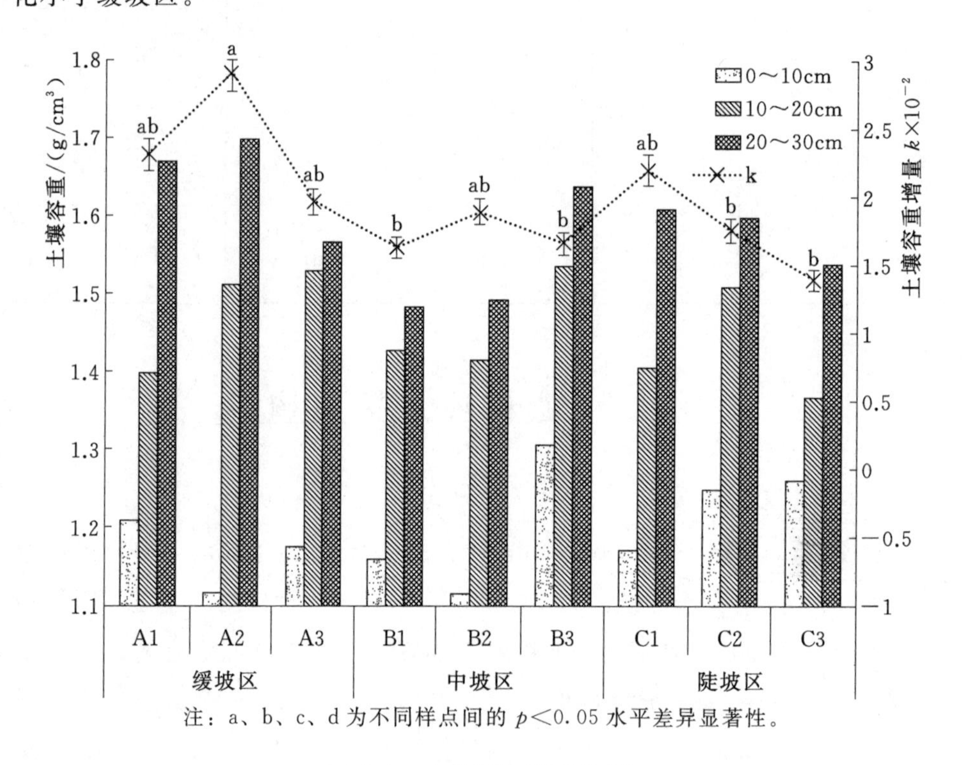

注：a、b、c、d 为不同样点间的 $p<0.05$ 水平差异显著性。

图 2.1　土壤剖面容重特征

（2）土壤三相比。土壤是由固、液、气三相物质组成的一种介于固体和液体之间的颗粒性半无限介质。土壤三相比即土壤固相、液相、气相的体积比。它可以用来反映土壤颗粒与空隙的比例关系、土壤总孔隙度大小、水气协调状况，反映土壤结构的差异。因此，土壤固、液、气三相的比例可以作为综合指标表征土壤结构变化。

0～30cm 土层土壤固相、液相、气相三者占比分别为 42.0%～64.0%、8.1%～19.5%、26.1%～39.4%（图 2.2）。随着土层深度的增加，土壤固相逐渐增加而液相逐渐减小，气相比例变化不明显。0～10cm 土层中，缓坡区的坡耕地土壤固相最小，陡坡区最大，不同样点之间气相和液相比例差异不大。理想的土壤三相比为固相 50%，液相 25%，气相 25%，三个土层只有 0～10cm 土层土壤结构基本符合这一标准，其余土层土壤固相均超过 50%。在 0～10cm 土层中，又以缓坡区农田坡耕地土壤三相比最优，中坡区和陡坡区次之。这是土壤质地、水分含量、发育情况等综合影响的结果。对于土壤结构稳定性的判定，还需要参考其他土壤指标。

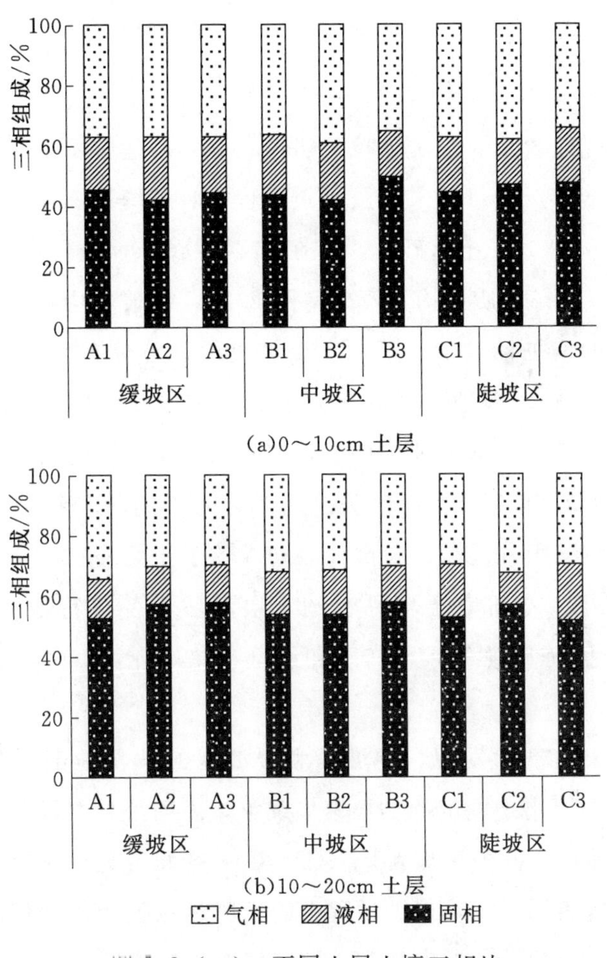

图 2.2（一） 不同土层土壤三相比

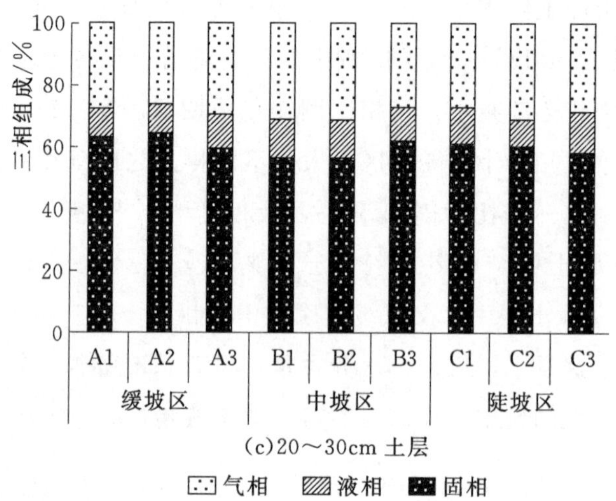

(c)20～30cm 土层

图 2.2（二） 不同土层土壤三相比

(3) 土壤黏粒含量。土壤黏粒（Clay，CLA）是土壤的一种十分稳定的自然属性，它能够反映母质来源及成土过程，对土壤肥力及土壤结构有较大影响。研究区 0～30cm 土壤砂粒含量在 27%～40%，粉粒含量 16%～31%，黏粒含量 6%～25%，质地均为壤土（图 2.3）。缓坡与中坡坡地土壤黏粒含量均随着土层的增加而增加。不同坡度坡耕地黏粒分布也有一定差异，0～30cm 土层中，缓坡坡耕地黏粒含量最高，中坡其次，陡坡最低，这可能是因为陡坡坡耕地耕层土壤可蚀性更低，在降雨发生时，更容易产生径流和土壤侵蚀，造成黏粒随着径流而流失。同时，人为的耕作措施会加剧土壤侵蚀，侵蚀-搬运-沉积过程和人为耕种活动导致了土壤侵蚀和土壤粗骨化，使得土壤质地变粗。本研究土壤黏粒随土层和坡度变化特征与黑土（王彬，2009）、紫色土（陈晓燕等，2010）和红壤（莫靖龙，2009）地区坡耕地的研究结果一致。

结合实际土壤剖面发现，中坡区和缓坡区的坡耕地剖面分层差异较明显，在剖面的 B 层出现一定的黏粒聚集现象，表明该坡耕地长时间处于稳定的耕作状态。而位于陡坡区坡耕地（C2、C3）土壤黏粒含量则表现为随土层递减的规律。这表明，土壤侵蚀过程中的土壤黏粒随径流迁移已经造成该地区陡坡区土壤的退化，且坡度越陡土壤结构退化越明显。

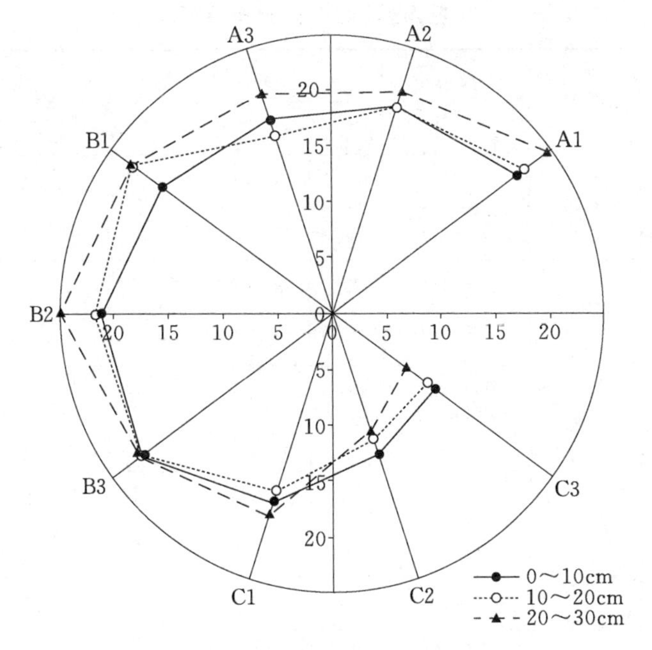

图 2.3 土壤黏粒含量分布/%

综合土壤容重、土壤三相比和土壤质地分布可以判断该紫色土坡耕地土壤耕层厚度为 10cm 左右，10～20cm 和 20～30cm 土层土壤性质差异不大，故本研究其他土壤结构特征均按 0～10cm 和 10～20cm 两个土层土壤性质进行对比分析。

2. 土壤团聚体类指标

（1）土壤团聚体分布特征。土壤团聚体包括非水稳性团聚体和水稳性团聚体，运用干筛法能够获得土壤中团聚体的总体数量（表 2.2）。各采样点 0～20cm 土层均以>5mm 的土壤团聚体含量最高，含量在 27.9%～63.0%，粒径在 5～2mm 团聚体次之，含量为 24.8%～43.0%；0.5～0.25mm 团聚体含量最少，其含量均在 10%以下。土壤团聚体在不同土壤层次中的各粒级的组成比例也呈现出一定差异。0～10cm 土层大团聚体含量小于 10～20cm 土层，这可能是由于耕层土壤经过长期耕作导致了大团聚体的破碎。此外，10～20cm 土壤经过耕作过程对土壤产生了一定的压实，土壤紧实度升高，加之黏粒含量的增加使得团聚体在风干时失水收缩变成不易分散的块状，造成大团聚体的含量增多。

表 2.2　　干筛/湿筛团聚体分布特征　　%

坡度	采样点	测试项目	土层厚度/cm	粒径/mm					
				>5	5～2	2～1	1～0.5	0.5～0.25	>0.25
缓坡	A1	干筛	0～10	61.8	24.8	4.8	5.8	1.4	98.6
			10～20	63.0	25.0	4.2	4.8	1.4	98.4
		湿筛	0～10	7.4	33.0	20.0	11.9	8.7	81.0
			10～20	9.8	35.3	18.2	11.3	8.5	83.0
	A2	干筛	0～10	37.7	40.2	9.1	9.6	2.0	98.7
			10～20	55.1	31.8	4.7	4.9	1.3	97.8
		湿筛	0～10	3.0	28.8	23.8	10.6	8.6	74.8
			10～20	13.0	30.0	21.3	10.7	7.5	82.5
	A3	干筛	0～10	52.8	31.2	5.5	5.2	1.2	95.8
			10～20	61.0	27.8	4.3	4.3	1.1	98.4
		湿筛	0～10	7.4	14.4	11.7	13.4	12.9	59.8
			10～20	15.3	19.8	12.1	12.3	11.9	71.4
中坡	B1	干筛	0～10	41.9	35.5	7.7	10.7	2.7	98.6
			10～20	35.9	42.7	8.1	9.4	2.3	98.4
		湿筛	0～10	6.8	26.9	18.0	11.7	10.0	73.3
			10～20	3.7	26.9	18.4	15.2	12.2	76.5
	B2	干筛	0～10	29.3	41.9	11.0	14.0	2.7	98.9
			10～20	52.7	35.1	5.1	4.8	1.0	98.8
		湿筛	0～10	1.5	14.2	17.8	20.0	15.0	68.6
			10～20	6.5	27.0	18.4	13.5	11.7	77.2
	B3	干筛	0～10	59.0	29.6	4.8	4.7	0.8	98.9
			10～20	59.2	29.7	4.5	4.3	1.0	98.8
		湿筛	0～10	8.8	19.9	12.9	13.8	12.0	67.4
			10～20	14.2	29.8	19.0	15.5	12.8	91.3

续表

坡度	采样点	测试项目	土层厚度/cm	粒径/mm					
				>5	5～2	2～1	1～0.5	0.5～0.25	>0.25
陡坡	C1	干筛	0～10	38.2	39.2	8.2	10.1	2.4	98.0
			10～20	53.3	33.0	5.7	5.6	1.2	98.9
		湿筛	0～10	5.0	20.4	11.4	10.7	9.9	57.3
			10～20	4.6	17.1	14.5	19.9	14.4	70.5
	C2	干筛	0～10	35.1	36.0	9.9	12.4	3.7	97.2
			10～20	27.9	43.0	10.7	12.5	3.5	97.6
		湿筛	0～10	3.2	13.5	12.8	14.3	13.3	57.0
			10～20	0.5	4.4	8.0	21.2	21.9	56.0
	C3	干筛	0～10	37.7	36.0	9.3	12.3	3.2	98.6
			10～20	42.7	31.7	8.3	10.8	2.6	96.1
		湿筛	0～10	2.2	5.4	4.4	17.1	19.1	48.3
			10～20	2.2	4.8	4.2	15.4	18.4	44.9

缓坡区样点土壤平均大团聚体含量最高，0～10cm 和 10～20cm 土层平均值分别为 82.9%、87.9%；中坡区其次，0～10cm 和 10～20cm 土壤大团聚体均值分别为 79.1%、85.2%；陡坡区最低，0～10cm 和 10～20cm 土层土壤团聚体平均值分别为 74.1%、77.2%。

(2) 水稳定性团聚体。湿筛法获得的水稳性团聚体（WSA）是衡量土壤抗侵蚀能力的指标之一，对保持土壤结构的稳定性有重要的作用，也是评价土壤稳定性的重要指标，因而比非水稳定性团聚体更重要。Amézketa (1999) 研究发现，由快速湿润所产生的“气爆”作用和黏粒的不均匀膨胀（或水化作用）能够破坏土壤团聚体，而在此过程由毛管作用等条件下进行的慢速湿润所造成的破坏作用很小。因此湿筛过程中的干湿交替可对土壤团聚体尤其是对大团聚体产生很强的破坏作用。

从表 2.2 可以看出，总体上以 2～1mm 和 5～2mm 水稳定性团聚体为主，>5mm 团聚体含量最少。不同坡度坡耕地之间水稳定性团聚体百分含量存较大差异。缓坡区样点土壤平均水稳定性团聚体含量最高，0～10cm 和 10～20cm 土层平均值分别为 71.8%、78.9%，中坡区其次，分别为 69.8%、81.7%；陡坡区最低，分别为 54.2%、57.1%。

本研究中缓坡区坡耕地 0～20cm 土层水稳定性团聚体含量与张孝存等（2011）对黑土区坡岗地的研究结果一致，但中坡区和缓坡区水稳定团聚体含量均低于东北黑土。结合紫色土不同坡度坡耕地分布可以发现，紫色土区坡耕地总体水稳定性低于黑土区。杨如萍等（2010）对黄土高原丘陵区坡耕地土壤团聚体研究发现，不同耕作方式下的黄土丘陵区坡耕地 0～20cm 水稳定性团聚体分布在 29.4%～38.7%，而本研究区域内水稳定性团聚体均高于黄土区，故紫色土的团聚体水稳定性高于黄土区。

本研究中的耕层水稳定性团聚体含量略小于耕层以下，该结论与周振方（2012）、张孝存等（2011）对黄土和黑土区坡耕地的研究结果不同，这可能是由于对研究土层深度划分不同导致的。此外，相比于土层发育较厚的黄土、黑土和部分红壤，紫色土土壤发育厚度薄，0～10cm 土层比 10～20cm 发育时间长，故该层土壤水稳定性团聚体含量略高于实际值。

（3）团聚体结构破坏率。各样点土壤团聚体结构破坏率（Ratio of Structure Deterioration，RSD）在 11.3%～53.2%（图 2.4）。不同坡度坡耕地团聚体结构破坏率存在一定差异。在 0～10cm 土壤中，随着坡耕地坡度的增加土壤团聚体结构破坏率总体呈增加的趋势。位于缓坡区的 A1 团聚体结构破坏率最小为 17.9%，土壤团聚体水稳性最好，结构体破坏率最低；位于陡坡区的 C1、C2、C3 团聚体结构破坏率最大，均超过 40%，说明团聚体水稳性较差，结构体破坏率高。缓坡区与陡坡区的 RSD 差异达到显著水平（$p<0.05$）。10～20cm 土层中，团聚体结构破坏率随坡度的变化趋势仍与 0～10cm 相同。土壤在进行田间土壤管理时，应增施有机肥，改良土壤结构，同时减少耕作扰动程度。

骆东奇（2003）研究了不同母质发育的耕地土壤团聚体特征，结果表明紫色土的土壤团聚体破坏率在 17.0%～59.8%，这一结论与本书的研究结果基本一致。而本研究区紫色土坡耕地土壤结构破坏率普遍低于刘梦云等（2016）有关黄土区耕地研究结论，说明黄绵土经水分散后土壤团聚体比

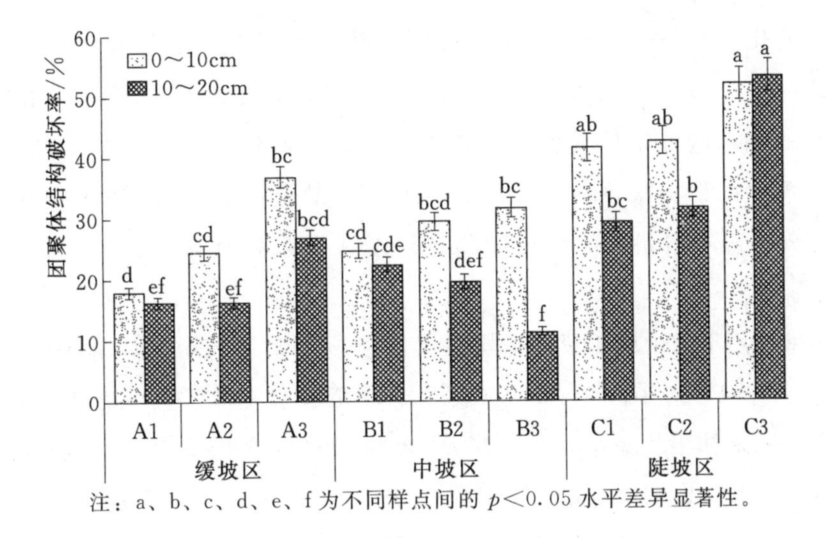

注：a、b、c、d、e、f 为不同样点间的 $p<0.05$ 水平差异显著性。

图 2.4　土壤团聚体结构破坏率

紫色土更容易崩解，土壤结构稳定性差。从土壤发生学的角度上讲，地形是成土因素之一，它对土壤的发生及各种特性有很大影响（李学亘，2015）。在坡耕地地区，坡度越陡表土越容易遭受径流剥蚀。随着剥蚀进程的进行，陡坡的底土最先暴露出来，延缓了土壤的发育，产生了土体薄、土层发育不明显的初育土壤或粗骨性土壤，阻碍了土壤结构的形成，造成大的团聚体破坏率。

（4）团聚体平均重量直径。团聚体平均重量直径（Mean Weight Diameter，MWD）是评价土壤团聚性的指标，MWD 值与土壤大团聚含量成正比，MWD 越大，土壤结构越好，反之则土壤结构越差。

机械破碎作用下的土壤团聚体平均重量直径（Mean Weight Diameter by Dry - sieving，MWDD）在 3.59～5.86（表 2.3）。不同坡度坡耕地土壤团聚体平均重量直径不同。总体而言，在 0～10cm 和 10～20cm 土层中缓坡区的坡耕地 A1、A3 和中坡区坡耕地 B3 的团聚体平均重量直径均为最高，分别在 5.27～5.72（0～10cm）和 5.58～5.86（10～20cm）。也就是说，高的 MWDD 值多集中在缓坡地区，坡度越陡，大团聚体含量越低，土壤结构性差。这可能是因为陡坡坡耕地发生土壤侵蚀的概率大，使得团聚体很难形成并聚集成大团聚体，导致土壤团聚体平均重量直径会随着坡度的变化而变化。此外，10～20cm 土壤团聚体平均重量直径大于 0～10cm 土层，这一结论与以往研究结果（周虎等，2007；王彬，2009；林培松等，2010）一致。这可能是紫色土坡耕地 10cm 以下土壤紧实度大，黏粒含量高，土壤颗粒紧实，导致土壤团聚体平均重量直径随土层深度的增加而增加。此外，砾石含量差异会造成测定误差，从而对团聚体平均重量直径产生影响。

消散作用下的土壤团聚体平均重量直径（Mean Weight Diameter by Wet - sieving，MWDW）在 0.6～2.4（表 2.3），范围显著低于机械破碎作用下获得的土壤团聚体平均重量直径。MWDW 随坡度的变化规律与机械破碎作用下的规律一致，0～10cm 的 MWDW 小于 10～20cm。这可能是因为 10cm 以下土层土壤砾石含量高，造成总体的水稳定团聚体含量增加，使得计算出的 MWD 含量偏高。不同坡耕地 0～20cm 土层干筛/湿筛作用下土壤团聚体平均重量直径值总体上表现为：缓坡区＞中坡区＞陡坡区。本研究干筛和湿筛两种方法下获得的团聚体平均重量直径均与骆东奇（2003）等有关紫色土农田的研究结果有很好的一致性。MWD 由于变异性小、可靠性高，因此可作为评价土壤团聚体特征的量化指标。

表 2.3　　干筛/湿筛团聚体平均重量直径

土层厚度/cm	坡度	样点	干筛	均值	湿筛	均值
0～10	缓坡	A1	5.72a	5.18±0.33a	2.14a	1.78±0.20a
		A2	4.57b		1.73b	
		A3	5.27a		1.46c	
	中坡	B1	4.47bc	4.67±0.44a	2.04a	1.64±0.27a
		B2	4.04c		1.13d	
		B3	5.51a		1.74b	
	陡坡	C1	4.37bc	4.20±0.09a	1.49c	0.93±0.28a
		C2	4.05c		0.60e	
		C3	4.19bc		0.72e	

续表

土层厚度/cm	坡度	样点	干筛	均值	湿筛	均值
10～20	缓坡	A1	5.86a	5.65±0.10a	2.40a	2.34±0.05a
		A2	5.58ab		2.38a	
		A3	5.52ab		2.24ab	
	中坡	B1	4.32c	5.13±0.41a	1.65cd	2.00±0.22a
		B2	5.45b		1.97bc	
		B3	5.62ab		2.40a	
	陡坡	C1	5.29b	4.47±0.49a	1.41de	1.04±0.22b
		C2	3.59d		1.05ef	
		C3	4.53c		0.66f	

注 a、b、c、d为不同样点间的 $p<0.05$ 水平差异显著性。

（5）团聚体分形维数。土壤由于内部的物理、化学、生物等过程相互影响的过程，因此土壤在形态、结构、功能等方面表现为复杂的几何分布（吴承祯和洪伟，1999；李军锋和赵秀海，2005）因此具有一定的分形特征，表观上反映为不规则的几何形体。虽然土壤结构在表观上是不规则的几何体，但是却有着自相似结构的多孔介质（Mandelbrot，1977；Mandelbrot，1982）。通过分形理论，人们可以很好的描述不规则几何形体。大量研究表明土壤颗粒分布、颗粒比表面积、土壤结构等基本性质具有自相似特征，可用分形维数对这些特征进行描述（Bartoil et al.，1991；冯杰等，2001）。试验采用杨培岭分形模型（杨培岭等，1993）计算土壤干筛/湿筛团聚体分形维数，阐述不同坡耕地土壤团聚体分形特征，分形维数越大，土壤团结构越差，稳定性越低。

坡耕地土壤干筛/湿筛团聚体分形维数（Fractal Dimension by Dry－sieving/Wet－sieving，DnD/DnW）变化分别在2.45～2.82、1.64～1.97（表2.4），其中干筛团聚体分型维数显著高于湿筛，说明团聚体经水分散后会对其粒径的分布产生显著的影响。团聚体平均分形维数值表现为：中坡区<缓坡区<陡坡区，但差异不显著。湿筛法获得的团聚体为水稳定性团聚体，因此分形维数的值反映的是水稳定性团聚体的颗粒分布状况。分形维数值越

低，表明大粒级的水稳定性团聚体含量越高。湿筛分形维数以缓坡区A1（2.47）最小，陡坡区C1、C2、C3（2.74、2.74、2.81）土壤团聚体分形维数均显著高于其他坡区。低分形维数的团聚体大部分分布在坡度较缓的坡耕地，陡坡区湿筛土壤分形维数分别比中坡区和陡坡区高5.75%、6.45%，缓坡区和陡坡区差异达显著水平。10～20cm土层中，干筛法获得的土壤团聚体的分形维数差异不大。缓坡区、中坡区、陡坡区平均土壤团聚体分形维数分别为1.95、1.82、1.81，其中缓坡区平均土壤团聚体分形维数显著高于其他坡区，而中坡区和陡坡区差异不明显。相比0～10cm土层，10～20cm土壤团聚体的分布趋于一致，不同样点间的差异不大。10～20cm湿筛获得的土壤团聚体分形维数以缓坡区A1、A2（2.46、2.45）中坡区B3最低；缓坡区A3（2.63）中坡区B1、B2（2.57、2.54）陡坡区C1、C2（2.62、2.67）次之；陡坡区C3（2.82）最大，且差异达显著水平。平均团聚体分形维数在该层的分布规律为：缓坡≈中坡＜陡坡。张秦岭等（2013）对山西鹦鹉沟小流域内不同坡度的坡耕地0～10cm土壤结构研究发现，不同土地利用类型的土壤团聚体分形维数随着坡度的增加而总体上呈下降趋势，但在20°～30°范围内变化不明显。这一结论与本文的研究结果一致，说明土壤坡度越陡，土壤团结构越差，稳定性越低，土壤侵蚀越容易发生。

表2.4　　干筛/湿筛土壤团聚分形维数

土层厚度/cm	坡度	样点	干筛分形维数	均　值	湿筛分形维数	均　值
0～10	缓坡	A1	1.84abc	1.82±0.05a	2.47e	2.58±0.08b
		A2	1.72de		2.55d	
		A3	1.90ab		2.73b	
	中坡	B1	1.77cd	1.73±0.05a	2.57cd	2.60±0.02ab
		B2	1.64e		2.60cd	
		B3	1.79bcd		2.63c	
	陡坡	C1	1.89abc	1.87±0.04a	2.74ab	2.76±0.02a
		C2	1.92a		2.74ab	
		C3	1.80abcd		2.81a	

续表

土层厚度/cm	坡度	样点	干筛分形维数	均　值	湿筛分形维数	均　值
10～20	缓坡	A1	1.97a	1.95±0.01a	2.46d	2.51±0.06b
		A2	1.94ab		2.45d	
		A3	1.93ab		2.63b	
	中坡	B1	1.77cd	1.82±0.03b	2.54c	2.51±0.03b
		B2	1.85bcd		2.54c	
		B3	1.85bcd		2.45d	
	陡坡	C1	1.78cd	1.81±0.03b	2.62b	2.70±0.06a
		C2	1.87bc		2.67b	
		C3	1.77d		2.82a	

注　a、b、c、d、e为不同样点间的 $p<0.05$ 水平差异显著性。

两种筛分方法获得的土壤团聚体分形维数在0～10cm和10～20cm土层有一定差异。湿筛法获得的0～10cm的土壤分形维数除陡坡区C3外均高于10～20cm；干筛法则表现为缓坡区和中坡区坡耕地0～10cm土层小于10～20cm，陡坡区则出现相反的趋势。缓坡区不同土层土壤分形维数差异表明表土（0～10cm）的水稳定性大团聚体含量小于10cm以下土层。但由于土壤结构是由诸多因素共同影响，且侵蚀过程主要作用于表土。因此并不能仅从土壤团聚体分形维数上确定不同样点、不同土层的土壤结构性好坏，还应该结合其他土壤结构类指标进行综合判断。

3. 土壤力学指标

（1）土壤抗剪强度。土壤抗剪强度（Soil Shear Stress，SSS）是土体抵抗外力作用和剪切破坏的能力。工程中的建筑物地基承载能力、挡土抗滑抗倾覆稳定性都与土壤的抗剪强度密切相关（凌静，2002）。土壤抗剪强度也是衡量土壤抗侵蚀能力的重要力学指标。土壤抗侵蚀能力随土壤抗剪强度的增大而增强，土壤也越稳定。影响土壤抗剪强度的因素有容重、有机质、植物根系、质地等。

紫色土区缓坡区、中坡区和陡坡区0～10cm和10～20cm土层的平均土壤抗剪强度分别为58.44kPa、41.67kPa、26.11kPa和119.78kPa、99.44kPa、

67.44kPa。坡耕地 0～10cm 土层抗剪强度显著小于 10～20cm，这可能是因为耕层以下土壤压实容重增加，加上黏粒的淀积作用，造成 10～20cm 土层相对紧实（图 2.5）。随着坡度的变陡抗剪性降低。缓坡 0～10cm 和 10～20cm 土层土壤抗剪强度分别比中坡高 28.70%和 17.00%，高出陡坡 55.32%和 43.70%。这种规律与蒲玉琳等（2014）的研究结果一致。因此，径流发生时，位于陡坡区的坡耕地土壤结构不稳定，更容易发生土壤侵蚀。李富程等（2016）对西南紫色土不同耕作方式下的土壤抗剪强度的研究表明，不同耕作方式下土壤抗剪强度范围在 28～42kPa，与本研究区域中坡和陡坡的抗剪切强度一致。而本研究中缓坡区 A1 的耕层土壤抗剪切强度显著高于其他样点，这可能是因为该地块的耕作方式不同而导致的差异。

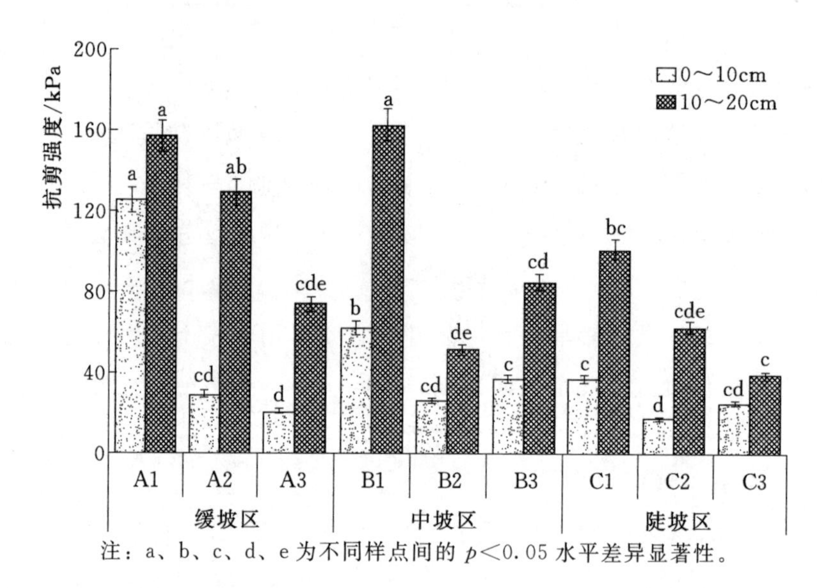

注：a、b、c、d、e 为不同样点间的 $p<0.05$ 水平差异显著性。

图 2.5　土壤抗剪强度

（2）土壤紧实度。土壤紧实度（Soil Compaction，SC）是衡量土壤结构的重要指标，它由土壤抗剪力、压缩力和摩擦力等构成。土壤过度疏松和紧实，会造成作物 10%～30%的减产，这已在国内外诸多研究结果中得到证明。农机具的不合理使用，不合理的种植制度以及管理措施均会导致土壤紧实度的增加。土壤紧实度越大，一方面能够增加土壤强度，增加土壤可蚀性；另一方面降低土壤的水肥供给及储存能力和土壤肥力（Hamza & Anderson，2005；李笃仁，1982）。此外，Defossez & Richard（2002）研究表明，土壤紧实度还会影响土壤团聚体形状、数量及空间分布，从而影响土壤结构性。李富程等（2016）对紫色土的研究结果表明，在众多的土壤力学指标中，土壤抗剪强度、土壤紧实度和土壤容重可以用来作为反映土壤结构和土壤可蚀性的指标。

0～10cm 土层土壤紧实度小于 10～20cm（图 2.6）。缓坡区、中坡区和陡坡区 0～10cm 和 10～20cm 土层的平均土壤抗剪强度分别为 520.99kPa、561.53kPa、438.94kPa 和 858.01kPa、915.52kPa、708.67kPa。土壤紧实度在不同坡度坡耕地的分布规律与土壤抗剪强度不同，土壤紧实度以中坡区最大，其次为缓坡区，陡坡区最小。中坡 0～10cm 土层和 10～20cm 土层土壤紧实度分别比缓坡高 7.22%和 6.28%，比陡坡高 21.83%和 22.59%。这可能是由于坡度差异导致的侵蚀引起的，坡度越陡，土壤受侵蚀越严重，土壤耕层也越薄，最终导致土壤的紧实度增加。虽然土壤紧实度的增加一定程度上可提高土壤可蚀性，但过高的土壤紧实度同时也会抑制根系生长，抑制根

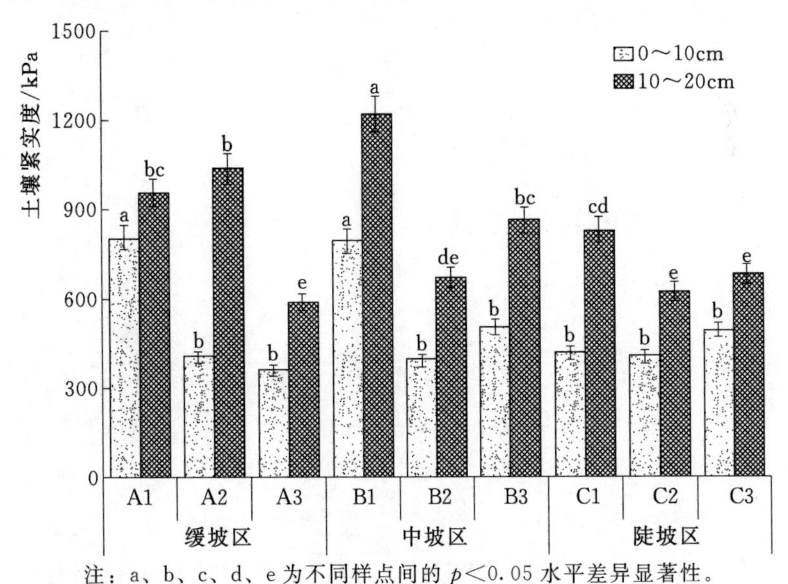

注：a、b、c、d、e 为不同样点间的 $p<0.05$ 水平差异显著性。

图 2.6 土壤紧实度

系对养分元素的吸收。Rosolem 等（1997）认为，当土壤强度达 2500kPa 时，根的生长完全被抑。土壤紧实度过低，可能利于根系的发育以及贯穿，但土壤保肥保水能力差，植株易倒伏且土粒松散极易造成水土流失。因此，土壤紧实度只有在一定范围内能够满足作物种子萌发，根系的穿插以及土壤可蚀性的要求。

图 2.7 为 0～10cm 和 10～20cm 土层的土壤紧实度与土壤抗剪切强度的回归分析。从图 2.7 中可以看出，紧实度与抗剪强度之间呈极显著的线性关系。0～10cm 和 10～20cm 土层土壤紧实度与抗剪切强度的线性回归关系分别为 $y=0.365x+46.714$ 和 $y=0.607x+61.968$，相关系数分别为 0.743 和 0.791。表明在 0～20cm 土层中，土壤紧实度与土壤抗剪切强度均与土壤颗粒的致密程度有着密切的关系，因此在实际测量时，可以测定土壤紧实度值以近似反映土壤抗剪强度。

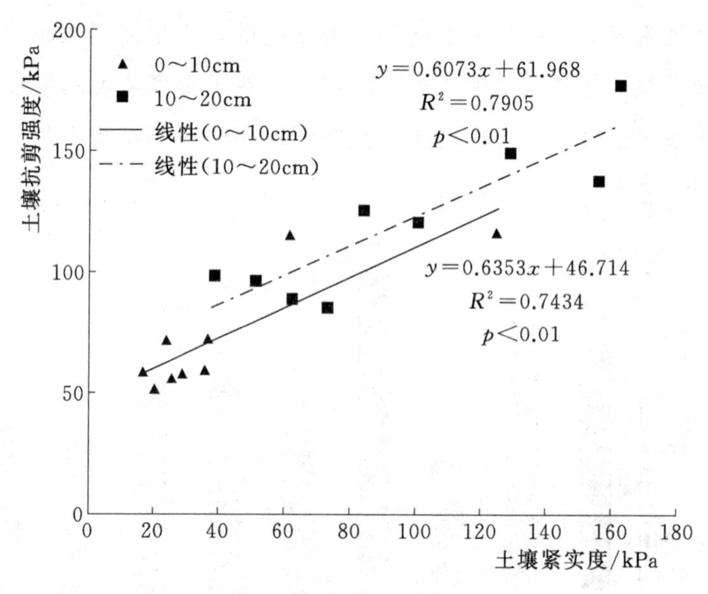

图 2.7　土壤抗剪强度与紧实度回归关系

4. 土壤化学指标

（1）土壤 pH 值。土壤 pH 值能够直接影响土壤中的生物因素如根系发育和微生物新陈代谢（李学垣，2001），同时还能通过影响有机质的合成与分解从而影响土壤结构。过酸或过碱的土壤均不利于土壤生物的活动，阻碍土壤结构的形成，因此只有 pH 值在一定范围内才有利于土壤结构维持一个相对稳定的状态。

从图 2.8 中可以看出，紫色土坡耕地 0～20cm 土壤呈弱碱性，pH 值在 7.65～8.45。在 0～10cm 土层中，缓坡区 A1、A2（7.95、7.65）土壤 pH 值最低，与其他样点差异达显著水平；缓坡区 A3（8.25）、中坡区 B2（8.29）和陡坡区 C2、C3（8.20、8.20）其次；中坡区 B1、B3（8.34、8.33）、陡坡区 C1（8.35）土壤 pH 值最高。在 10～20cm 土层中，除缓坡区 A1、A2（8.13、8.10）的 pH 值显著小于其他样点外，其他样点 pH 值均在 8.36～8.45，且各样点间差异不明显。各样点表土（0～10cm）pH 值均小 10～20cm。这是因为土壤的发育过程是自然酸化过程，表层次生矿物分解产生的 Ca^{2+}、Mg^{2+} 等碱金属离子被 H^{+} 所置换并逐渐随水分淋洗出土体，造成土壤酸化，土壤发育时间越长，酸化现象越明显。在土壤地理发生分类系统中紫色土属石质初育土亚纲，土壤母质风化强烈，土壤形成时间短，因此土壤还保留母质的石灰特性，使得发育出的土壤偏碱性。相比 10～20cm 土层，0～10cm 土壤发育时间较长，距母质层较远，该土层淋洗现象更为明显，故

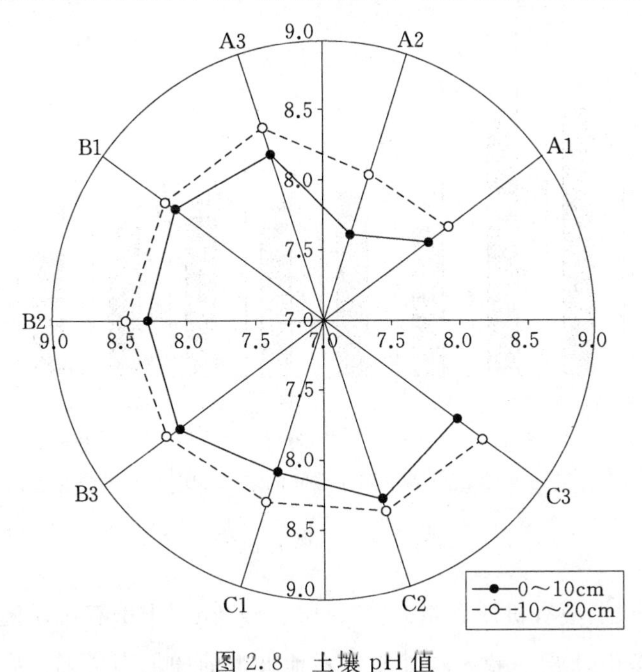

图 2.8　土壤 pH 值

使得其土壤 pH 值均低于 10～20cm 土层。

（2）土壤有机质。土壤有机质（Soil Organic Matter，SOM）作为表征土壤肥力和土壤结构的重要指标，在评价耕地土壤质量方面上起着非常重要的作用。大量研究表明土壤有机质能够促进团粒结构的形成，改善土壤结构，调节土壤水分、通气状况、养分和热状况，提高土壤涵养水源及水土保持的功能。土壤有机质的形成过程受诸多因素的影响，包括生物、气候、地形等，因此它可以反映出该地区的成土过程及成土环境（罗贤安，1981；李学垣，2001）。

各样点有机质总体含量较低，含量不足 10%（图 2.9）。表层（0～10cm）土壤有机质含量在 10.87～25.57g/kg，以缓坡区 A1、A2、A3（16.77g/kg、25.57g/kg、20.67g/kg）坡耕地土壤有机质含量最高，其值显著高于其他地区。缓坡区 0～10cm 土层土壤有机质平均含量分别高出中坡区和缓坡区 29.37%、42.59%，土壤有机质含量随着坡度的增加而降低。

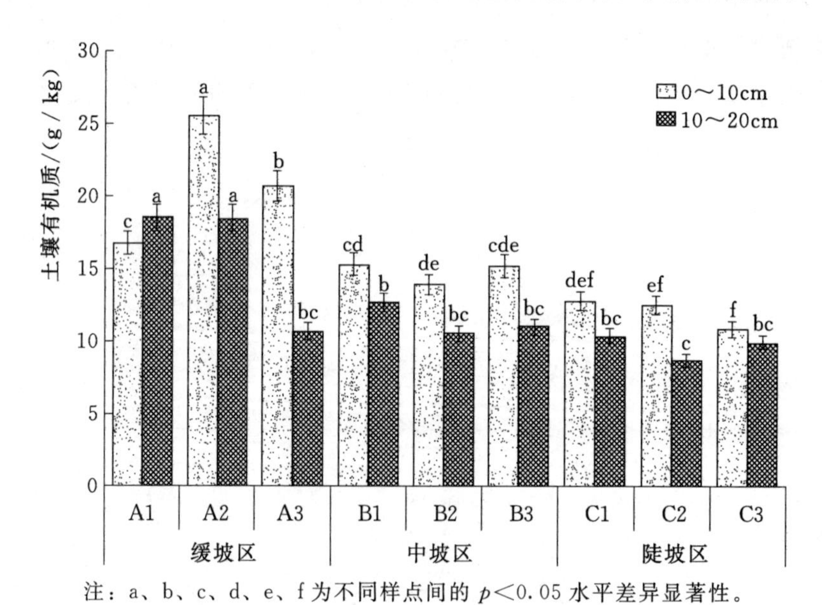

注：a、b、c、d、e、f 为不同样点间的 $p<0.05$ 水平差异显著性。

图 2.9　土壤有机质

10～20cm 土壤有机质含量 8.70～18.50g/kg。土壤有机质随坡度的变化规律与 0～10cm 土层一致，均随着坡耕地坡度的增加而增加。有机质受坡度的影响较大，不同样点的土壤有机质含量差异主要表现在0～10cm土壤中；在10～20cm土层中，各样点土壤有机质含量趋于一致。这可能是由多方面因素造成的，首先该地区处于亚热带季风气候，年降水量大且温度高，有机质分解速度较快，造成该紫色土有机质含量普遍偏低。其次位于不同坡度下的坡耕地人为管理措施的差异造成土壤有机质在不同坡区的变异。陡坡区坡耕地受地形限制，故以人力耕翻耕为主，较平缓的耕地上以机械耕作为主使得土壤耕作层变厚，土壤结构性变好，有利于有机质的积累及向下迁移。此外，由于坡度因素造成的水土流失现象在陡坡区更为明显，也极易造成土壤有机质的流失。

5. 土壤生物指标

土壤生物对土壤结构的贡献主要包括土壤微生物及植物根系，土壤微生物的生命活动和植物根系所产生的土壤酶及分泌物是土壤组成成分之一，它们在土壤物质和能量转化以及维持土壤生物化学性质的相对稳定平衡中起着非常重要的作用，对环境变化响应也较为敏感（安韶山等，2005）。本研究以根系平均直径和土壤微生物量碳和氮作为土壤结构稳定性评价生物指标。

（1）根系平均直径。植物根系通过增加孔隙度、降低容重、改善土壤物理结构及分泌物胶结土体，创造良好的土壤结构。同时根系还能够直接影响土壤可蚀性。刘国彬（1998）认为，根系主要从三方面增加土壤可蚀性，即缠绕、固结土壤，根土粘结及根系生物化学等作用。

本研究以玉米根系的平均直径（Mean Root Diameter，RD）为研究指标之一，分析了不同坡度下紫色土坡耕地玉米根系在0～20cm土层中的分布状况（图2.10）。各坡耕地0～10cm和10～20cm土层土壤玉米根系平均直径分别在2.59～3.82mm、3.17～4.29mm。在0～10cm土层中，缓坡区A3和陡坡区C2玉米根系平均直径显著低于其他样点，其余各个样点间无明显差异。根系直径在不同坡区的表现仍为：缓坡区＞中坡区＞陡坡区，其中缓坡区分别比中坡区和陡坡区高6.18%、18.7%，但差异不显著。在10～20cm土层中，不同样点玉米根系直径无明显差异。表明不同坡度下，玉米根系仅在0～10cm土层内表表现出一定差异，而在10～20cm土层中，这种差异很小。这可能是因为10～20cm土层的土壤容重均在1.40g/cm³以上，土壤紧实，土壤容重成为玉米根系发育的主要限制因素。

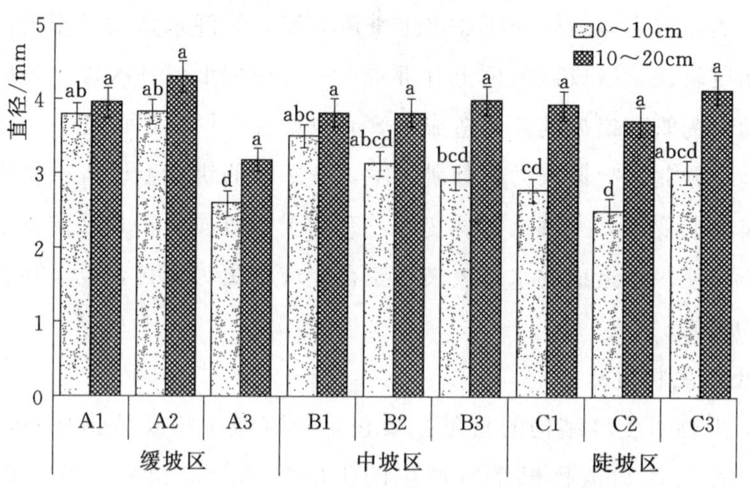

注：a、b、c、d为不同样点间的 $p<0.05$ 水平差异显著性。

图2.10　玉米根系平均直径

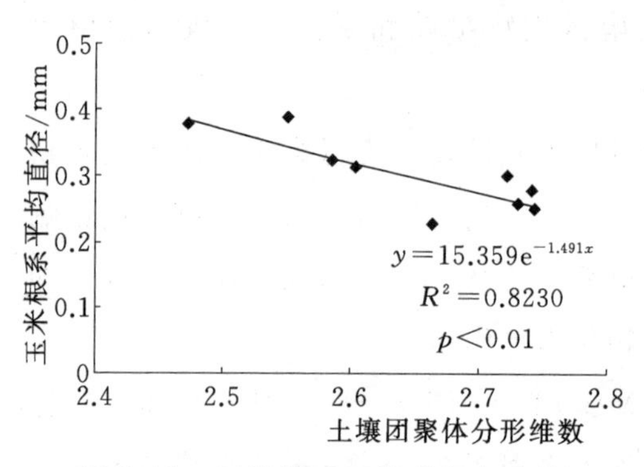

图2.11　玉米根系平均直径与土壤团聚体分形维数的回归关系

研究表明，根系的分布受土壤水肥，结构等多方面影响。通过分析玉米根系平均直径与各土壤结构指标间的关系发现，根系平均直径与干筛法获得的土壤分形维数相关性最大并呈指数相关（图2.11），回归方关系为 $y=15.359e^{-1.149x}$（$R^2=0.823$，$n=9$，$p<0.01$）。分形维数是衡量土壤结构的重要指标，其值越大，土壤团聚体结构越差，对应的根系平均直径越少，说明耕层土壤团聚体的大小及分布可以显著影响玉米根系的分布。

（2）土壤微生物量碳和氮。土壤微生物是指土壤中除植物体和根系外的体积小于 $15\times10^3\mu m^3$ 的生物总量，是活的土壤有机质部分（Jenkinson 和 St Ladd，1981）。土壤微生物是土壤系统的重要组成部分它参与土壤各种养分的循环及土壤结构的形成。土壤微生物参与土壤结构的形成主要是通过影响土壤中的团聚体的形成过程而影响土壤结构的。真菌和放线菌等通过菌丝，将土壤彼此机械的缠绕在一起，从而形成团聚体；而另一些类群则是通过其生活的代谢产物、多糖和其他有机物对土壤颗粒的胶结作用形成稳定性团聚体（尹瑞玲，1985）。因此，土壤微生物在稳定性团聚体的形成和稳定性的维持方面起重要的作用。土壤微生物量一般先测得土壤微生物碳然后根据干物质的含碳量（通常为47%）来计算，或者直接用土壤微生物碳表示。此外还可以用土壤微生物氮、土壤微生物磷等表示（何振立，1997）。本研究以土壤微生物量碳（Soil Microbial Biomass Carbon，SMC）和土壤微生物量氮（Soil Microbial Biomass Nitrogen，SMN）作为土壤微生物量指标。

表2.5给出了研究区不同坡度坡耕地0～10cm土壤微生物量碳和氮含量。紫色土坡耕地土壤微生物量碳含量在66.04～388.20mg/kg。缓坡区、中坡区、陡坡区的平均土壤微生物量碳分别为311.90mg/kg、287.57mg/kg、229.68mg/kg，但差异不显著。在10～20cm土层中，同样为：缓坡区（190.69mg/kg）＞中坡区（163.75mg/kg）＞陡坡区（129.98mg/kg）。0～10cm土壤微生物量碳普遍高于10～20cm。

表2.5　　土壤微生物量碳和氮

土层厚度/cm	坡度	样点	土壤微生物量碳/(mg/kg)	均值	土壤微生物量氮/(mg/kg)	均值
0～10	缓坡	A1	261.90c	311.90±38.76a	56.28ab	54.38±8.46a
		A2	285.60bc		38.87bc	
		A3	388.20a		67.98ab	
	中坡	B1	352.14ab	287.57±62.28a	53.58ab	49.63±3.10a
		B2	347.53ab		51.80ab	
		B3	163.05d		43.53abc	
	陡坡	C1	294.00bc	229.68±62.59a	42.98abc	41.25±9.20a
		C2	290.53bc		56.25ab	
		C3	104.52d		24.51c	

续表

土层厚度/cm	坡度	样点	土壤微生物量碳/(mg/kg)	均值	土壤微生物量氮/(mg/kg)	均值
10～20	缓坡	A1	143.61bcd	190.69±57.80a	25.93abc	30.18±7.26a
		A2	143.28bcd		20.28bc	
		A3	285.18a		44.35abc	
	中坡	B1	220.15ab	163.75±49.05a	32.64ab	24.57±6.22a
		B2	205.07abc		28.76abc	
		B3	66.04d		12.32c	
	陡坡	C1	186.22bc	129.98±30.17a	29.48abc	21.12±4.52a
		C2	120.79bc		19.91bc	
		C3	82.92cd		13.98bc	

注 a、b、c、d为不同样点间的 $p<0.05$ 水平差异显著性。

在0～20cm土层中，土壤微生物量氮含量为12.32～67.98mg/kg，其范围显著小于土壤微生物量碳。不同坡度下的平均土壤微生物量氮随坡度的变化趋势与土壤微生物量碳一致。0～10cm土层中，土壤微生物量氮含量为54.38mg/kg，分别比比陡坡区和中坡区高8.73%、24.15%。10～20cm土层中，土壤微生物量氮含量为30.18mg/kg，分别比陡坡区和中坡区高18.59%、30.01%。

土壤微生物量碳和氮均随坡度的不同而产生明显的差异。坡度较缓时，土壤侵蚀强度弱，泥沙和养分流失较少，此外缓坡还有利于土壤养分的积累，利于微生物生长。郭甜等（2011）研究了紫色土不同坡度坡耕地土壤微生物特性差异，结果表明10°坡耕地相对于15°坡耕地，土壤细菌、放线菌和真菌的数量较多，并且坡度对土壤微生物数量有较大的影响，坡度增加会抑制土壤微生物数量的增加，该结论与本研究结果一致。此外，研究区域土壤微生物量碳普遍与王尚（2011）等有关东部农耕区的研究结果不同，其中土壤微生物量碳氮普遍低于黑龙江、吉林的北方黑土区。这是因为黑土有机质含量普遍高于紫色土，土壤微生物含量高，大量研究（隋跃宇等，2009；李海燕等，2006；王尚，2011）已证实土壤微生物量碳与土壤有机质有着显著正相关。

图 2.12 为土壤微生物量碳和土壤微生物量氮的回归关系。土壤微生物量碳和氮存在显著的线性相关，其中 10～20cm 土层两者的相关性最强。0～10cm 和 10～20cm 土壤微生物量碳和氮的关系式分别为 $y=0.128x+12.755$($R^2=0.518$，$n=25$，$p<0.05$) 和 $y=0.148x+2.072$($R^2=0.919$，$n=27$，$p<0.01$)。土壤微生物量碳和氮在 0～10cm 土层中含量较大，在坐标轴上分布范围较大，而在 10～20cm 土层中则含量较小，分布范围也小，但二者均存在显著的相关关系。该结论与陈智等（2008）研究结果一致。因此在实际测量中，为了研究方便，可任选其中一个指标进行测定。

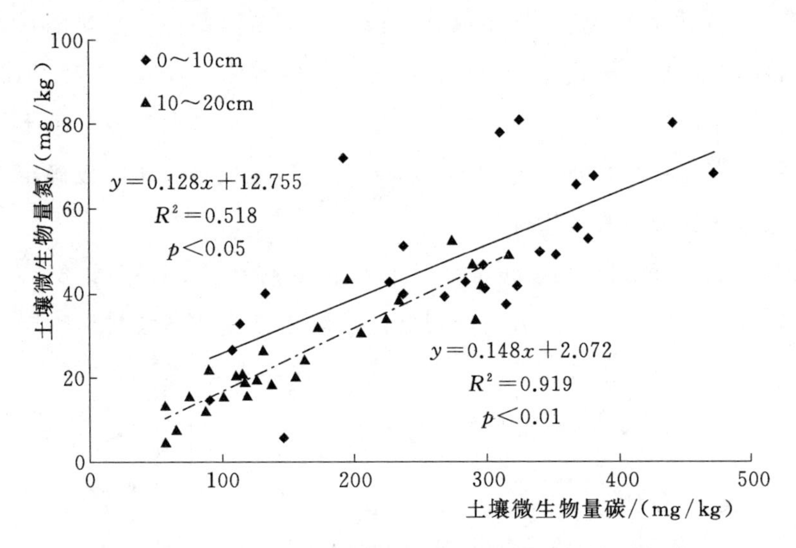

图 2.12　土壤微生物量碳和土壤微生物量氮的回归关系

第二节　坡耕地土壤结构稳定性评价

1. 土壤结构稳定性主成分分析

土壤结构稳定性是一个综合性的指标，使用不同衡量土壤结构稳定性的指标体系来描述土壤结构尽管比较全面，但缺乏量化且过程烦琐，指标间信息交叉重叠，相互间具有一定的关联性（余新晓和陈利华，1987），此外还会因为变量间存在的多重共线性而引起极大的误差。本研究依据前人有关土壤结构和土壤可蚀性的相关研究成果，借鉴土壤质量评价指标体系，筛选出具有代表性且常用的土壤结构指标共16项，采用SAS 9.2统计软件，运用主成分分析法对土壤容重（BD）、黏粒含量（CLA）>0.25mm水稳定性团聚体含量（WSA）、干筛/湿筛团聚体平均重量直径（MWDD/MWDW）、团聚体结构破坏率（RSD）、干筛/湿筛团聚体分形维数（DnD/DnW）、平均根系直径（RD）、土壤微生物量碳和氮（SMC，SMN）、土壤抗剪强度（SHS）、土壤紧实度（SC）、坡度因素（SLOPE）、土壤有机质（SOM）、pH值这16项指标进行分析，以揭示各变量对土壤可蚀性的贡献。主成分分析结果如下。

（1）耕层土壤结构稳定性主成分筛选。土壤结构稳定性影响因素多而繁杂，评价指标也呈多样化。单一指标虽可在一定程度上反映土壤结构的相对状况，但难以反映土壤结构稳定性的本质。因此，本研究对该紫色土不同坡度的坡耕地土壤0～10cm土层结构结构指标进行主成分分析，以确定该区土壤结构稳定性的最适表征指标。

从图2.13中可以看出，前4个主成分能够解释88.4%（>85%）的方差变异，说明仅用4个主成分就能很好的反映出该紫色土坡耕地耕层土壤结构稳定性特征。前4个主成分的方差贡献率依次为47.7%、16.2%、15.2%、9.3%。第1主成分和第2主成分累计方差贡献率达63.8%。

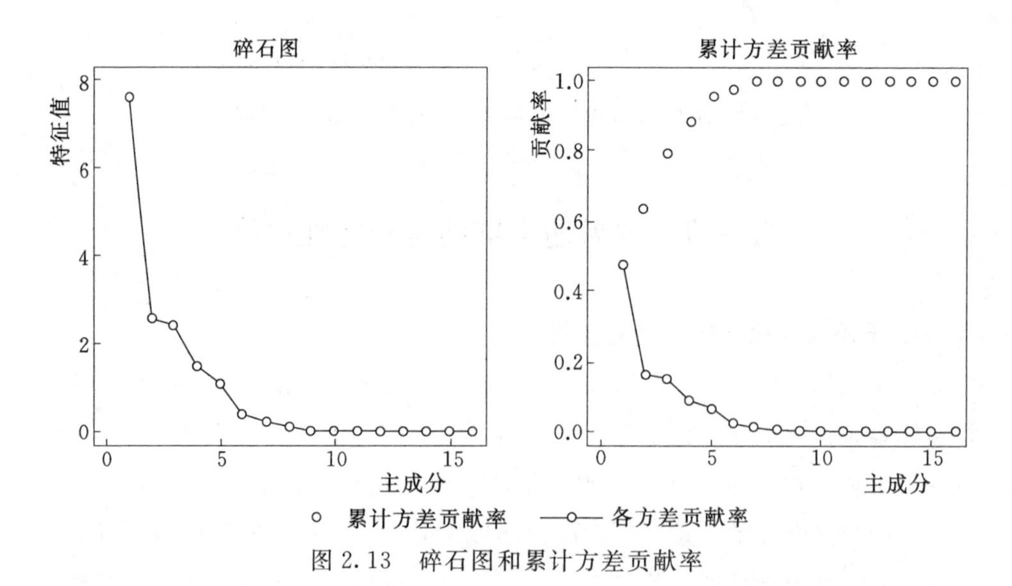

图2.13 碎石图和累计方差贡献率

图 2.14 为前 4 个主成分之间的因子载荷散点图。其中水稳定性团聚体（WSA）、湿筛平均重量直径（MWDW）、黏粒含量（CLA）、土壤有机质（SOM）、在第 1 主成分有很高因子载荷，水稳定团聚体类因子能较好的衡量土壤可蚀性，因此可以判定第一主成分为土壤结构水稳定性，其中水稳定性越高则土壤结构越不容易受到侵蚀影响。土壤容重（BD）、土壤紧实度（SC）、土壤抗剪强度（SHS）在第 2 主成分上有较高的因子载荷，该指标与土壤的力学性质有关，能较好的反映出土壤力学性质，故第 2 主成分为土壤结构力稳定性，土壤力稳定性越高土壤越结构越不容易受到破坏。土壤微生物量氮（SMN）在第 3 主成分的因子载荷最高，当土壤微生物量氮（SMN）越高时，土壤中的生物因素越活跃，因此可以判定第 3 主成分为土壤结构生物稳定性，坡度（SLOPE）在第 4 主成分上因子载荷较高，土壤结构类指标中大部分都受到坡耕地坡度的影响，因此可以判定第 4 主成分为坡度因素，即坡度越陡，其土壤结构稳定性越低。综合上述分析和参考前人的研究成果并结合采样区的实际情况，可以确定川中丘陵紫色土坡耕地土壤结构稳定性最佳指标为：水稳定性团聚体（WSA），湿筛平均重量直径（MWDW），黏粒含量（CLA），土壤有机质（SOM），土壤容重（BD），土壤紧实度（SC），土壤抗剪强度（SHS），土壤微生物量氮（SMN），坡度（SLOPE）。

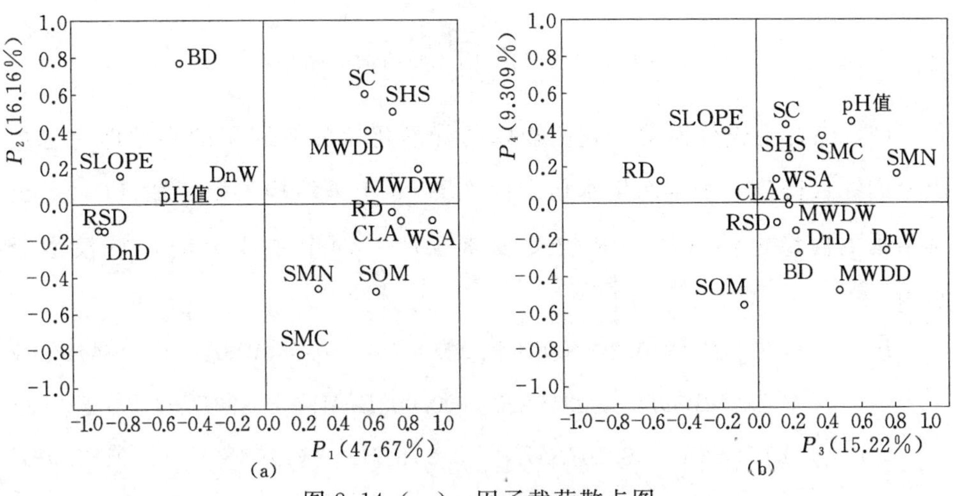

图 2.14（一） 因子载荷散点图

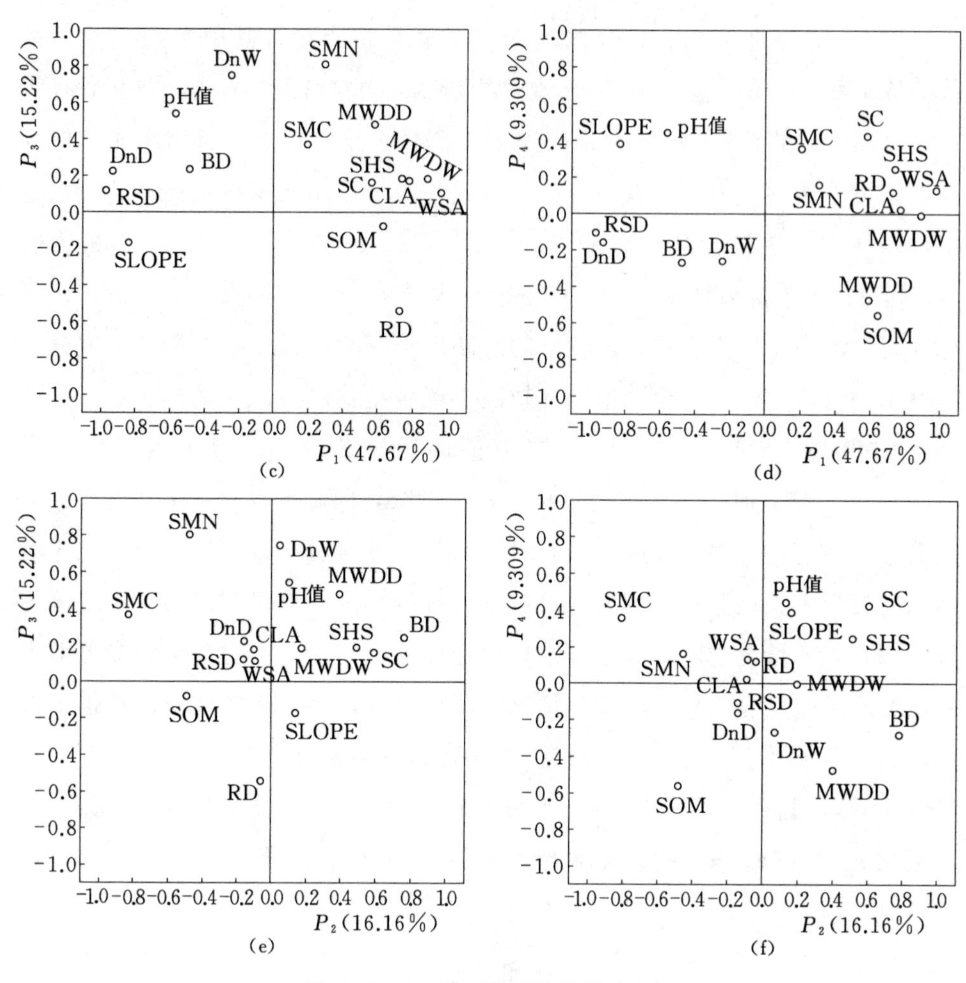

图 2.14（二） 因子载荷散点图

（2）综合主成分模型。载荷矩阵与标准化后的各因子的乘积即为各主成分的综合得分。土壤结构水稳定性（P_1）、土壤结构力稳定性（P_2）、土壤结构生物稳定性（P_3）和坡度因素（P_4）四个主成分的计算模型分别为：

$$P_1 = -0.175BD + 0.230SOM + 0.279CLA + 0.345WSA + 0.318MWDW + 0.212MWDD - 0.348RSD - 0.090DnW - 0.336DnD + 0.263RD + 0.076SMC + 0.107SMN + 0.264SHS + 0.208SC - 0.301SLOPE - 0.204\text{pH}$$

$$P_2 = 0.477BD - 0.298SOM - 0.057CLA - 0.052WSA + 0.117MWDW + 0.247MWDD - 0.090RSD + 0.040DnW - 0.089DnD - 0.028RD - 0.504SMC - 0.285SMN + 0.312SHS + 0.370SC + 0.098SLOPE + 0.076\text{pH}$$

$$P_3 = 0.150BD - 0.051SOM + 0.111CLA + 0.070WSA + 0.117MWDW + 0.305MWDD + 0.074RSD + 0.477DnW + 0.139DnD - 0.348RD + 0.236SMC + 0.514SMN + 0.119SHS + 0.102SC - 0.110SLOPE + 0.346\text{pH}$$

$$P_4 = -0.228BD - 0.461SOM + 0.016CLA + 0.102WSA - 0.010MWDW - 0.390MWDD - 0.089RSD - 0.216DnW - 0.133DnD + 0.095RD + 0.290SMC + 0.128SMN + 0.196SHS + 0.350SC + 0.316SLOPE + 0.360\text{pH}$$

以上判别函数式中，P_1、P_2、P_3、P_4 分别为土壤结构水稳定性、土壤结构力稳定性、土壤结构生物稳定性，坡度因素的主成分得分，无量纲。

由表 2.6 可知，第 1、第 2、第 3、第 4 主成分累计贡献率已超过 85%，达 88.4%，因此可将 4 个主成分值按其特征值大小计算综合指数。以每个主成分所对应的特征值占所提取主成分的特征值之和的比例作为权重，计算综合主成分模型（李勇等，1990；张科利等，2001）：

$$P_0 = \lambda_1/(\lambda_1+\lambda_2+\lambda_3+\lambda_4)P_1 + \lambda_2/(\lambda_1+\lambda_2+\lambda_3+\lambda_4)P_2 + \lambda_3/(\lambda_1+\lambda_2+\lambda_3+\lambda_4)P_3 + \lambda_4/(\lambda_1+\lambda_2+\lambda_3+\lambda_4)P_4$$

式中：P_0 为主成分综合得分；λ_1、λ_2、λ_3、λ_4 分别为前 4 个主成分的权重（特征值）。

故本研究中综合主成分模型计算公式为：

$$P_0 = 0.540P_1 + 0.183P_2 + 0.172P_3 + 0.105P_4$$

将标准化后的土壤结构指标代入上式中得：

$$P_0 = -0.005BD + 0.0122SOM + 0.161CLA + 0.200WSA + 0.212MWDW + 0.171MWDD - 0.201RSD + 0.018DnW - 0.187DnD + 0.087RD + 0.020SMC + 0.108SMN + 0.241SHS + 0.234SC - 0.130SLOPE + 0.001\text{pH}$$

表 2.6　　各指标相关矩阵

	BD	SOM	CLA	WSA	MWDW	MWDD	RSD	DnW	DnD	RD	SMC	SMN	SHS	SC	SLOPE	pH 值
BD	1															
SOM	−0.527	1														
CLA	−0.423	0.438	1													
WSA	−0.505	0.561	0.849	1												
MWDW	−0.295	0.480	0.779	0.840	1											
MWDD	0.240	0.378	0.583	0.512	0.704	1										
RSD	0.382	−0.498	−0.711	−0.916	−0.814	−0.509	1									
DnW	0.407	−0.059	−0.359	−0.250	−0.097	0.276	0.390	1								
DnD	0.391	−0.440	−0.633	−0.887	−0.720	−0.395	0.976	0.413	1							
RD	−0.547	0.478	0.243	0.586	0.462	0.046	−0.750	−0.419	−0.820	1						
SMC	−0.743	0.310	0.201	0.325	0.092	−0.219	−0.063	0.185	−0.055	0.101	1					
SMN	−0.330	0.244	0.366	0.420	0.249	0.292	−0.154	0.477	−0.092	−0.144	0.791	1				
SHS	−0.015	0.048	0.440	0.659	0.729	0.590	−0.740	0.075	−0.751	0.547	−0.050	0.200	1			
SC	0.096	−0.110	0.262	0.532	0.657	0.394	−0.667	0.021	−0.644	0.434	−0.103	0.087	0.862	1		
SLOPE	0.332	−0.818	−0.627	−0.768	−0.647	−0.683	0.766	0.034	0.689	−0.487	−0.212	−0.432	−0.432	−0.259	1	
pH 值	0.398	−0.700	−0.199	−0.400	−0.380	−0.196	0.483	0.221	0.548	−0.784	0.066	0.267	−0.280	−0.018	0.489	1

2. 耕层土壤结构稳定性评价

(1) 耕层土壤结构稳定性指数。使用综合主成分模型对不同坡度的坡耕地耕层土壤结构稳定性进行量化评分即得到土壤结构稳定性指数。图 2.15 为 9 个样点中 0～10cm 土层土壤结构稳定性指数。得分越高，表明土壤结构越好，稳定性越强。

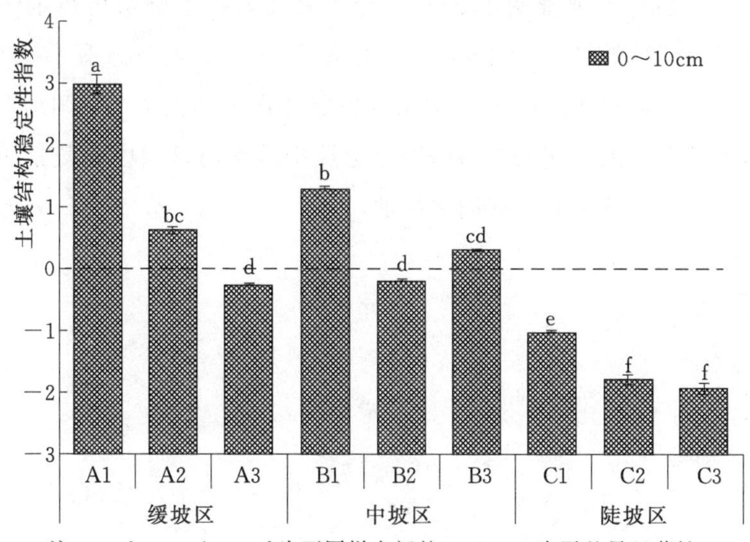

注：a、b、c、d、e、f 为不同样点间的 $p<0.05$ 水平差异显著性。

图 2.15 耕层土壤结构稳定性指数

紫色土坡耕地土壤结构稳定性指数分布在－1.93～2.98，以缓坡区 A1（2.98）最高，且与其他样点间差异达显著水平；缓坡区 A2（0.64）和中坡区 B1、B3（1.28、0.30）其次；缓坡区 A3（－0.26）和中坡区 B2（－0.19）次之，陡坡区 C2、C3（－1.79、－1.92）为负值，方差分析表明，陡坡区坡耕地耕层土壤结构稳定显著低于其他坡区。因此，缓坡区坡耕地耕层土壤结构稳定性最强，其次为中坡区，陡坡区为负值，表明其耕层土壤结构稳定性最差。其中，缓坡区（A1、A2、A3）和中坡区（B1、B2、B3）土壤结构稳定性均显著高于陡坡区（$p<0.05$）。而缓坡区坡耕地除了样点 A1 外，其余样点坡耕地耕层土壤结构稳定性与中坡区相比无显著差异。不同坡区平均土壤结构稳定性指数表现为：缓坡区＞中坡区＞陡坡区。

(2) 耕层土壤结构稳定性的产量检验。稳定的耕层土壤结构，不仅能满足土壤抵抗侵蚀的要求，还要能够改善土壤的水、肥、气、热条件，满足作物生长发育的要求。因此，为验证土壤结构稳定性评价模型的使用性，对土壤结构稳定性指数和夏玉米产量进行回归分析。图 2.16 为土壤结构稳定性指数与各样点玉米产量的回归关系。由图 2.16 可以看出，土壤结构稳定性指数与玉米产量存在着显著的正的线性相关关系。土壤结构稳定性指数越高，则玉米产量越高。二者的回归关系为 $y=13.547x+376.25$($R^2=0.785$，$n=19$，$p<0.01$)。土壤结构稳定性指数和玉米产量间均存在的显著的正相关关系，因此使用土壤结构稳定性指数来衡量川中丘陵紫色土坡耕地耕层土壤结构性状具有很好的适用性。

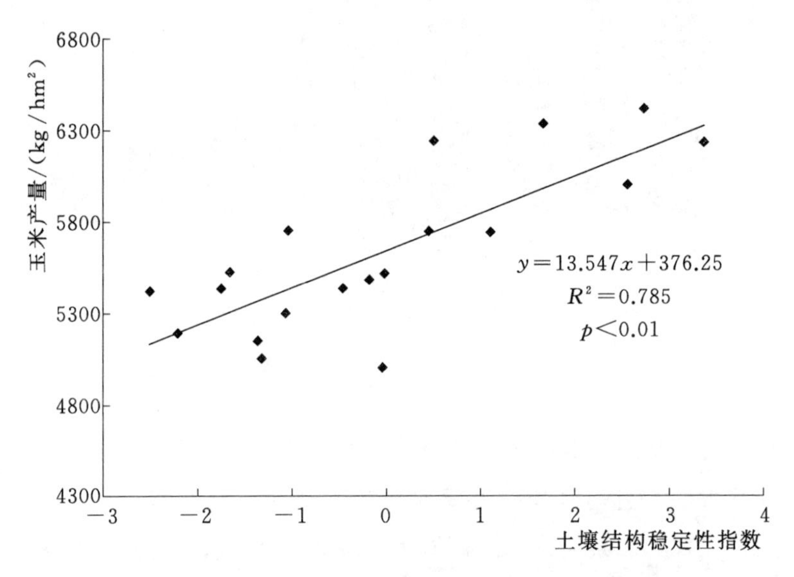

图 2.16 夏玉米产量与土壤结构稳定性指数回归关系

(3) 耕层土壤结构稳定性评级。借鉴土壤质量评级（李月芬等，2004；陈吉，2010）的方法对耕层土壤结构稳定性等级划分。首先通过对各样点土壤结构聚类进行聚类分析，采用平均距离法判定分类（图 2.17），对各样点土壤结构初步进行归类。当类间距为 0.9 时，可以初步将样本分为四类，第一类包含样点 A1；第二类包含样点 A2；第三类包含样点 A3、B1、B2、B3；第四类包含样点 C1、C2、C3。将模型计算的土壤稳定性指数按照等距划分

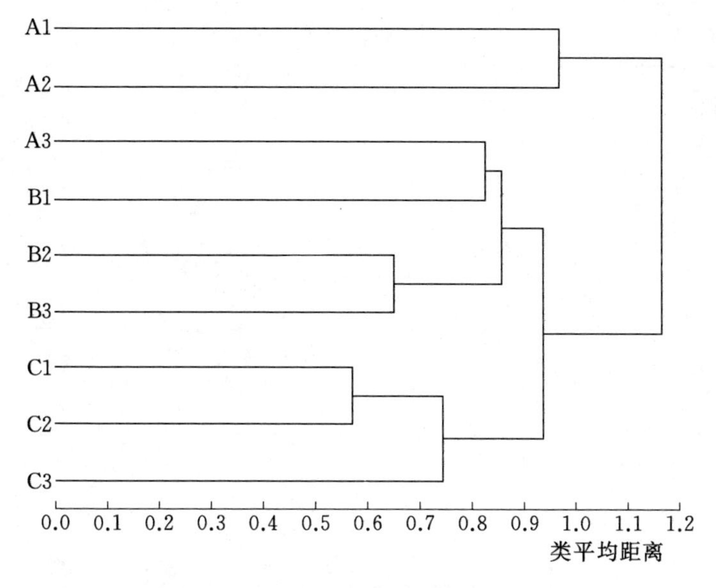

图 2.17　采样点土壤结构聚类图

为四等分，计算获得的类间距为 1.23，最后按照不同的土壤结构稳定性得分将研究区域内的坡耕地进行归类（表 2.7）。

表 2.7　　耕层土壤结构稳定性分级

土壤结构稳定性等级	得分范围	样点
一级（优）	2.98～1.50	A1
二级（良）	1.50～0.28	A2、B1、B3
三级（中）	0.28～−0.95	A3、B2
四级（差）	−0.95～−2.18	C1、C2、C3

3. 耕层土壤结构稳定性量化

（1）各因子的筛选及区间值。经主成分分析后，土壤结构稳定性指标虽可简化为四个综合指标，且每一指标均赋有新的数值，但每一综合指标内仍包括多项因子，运用起来不方便，还需要从多指标中进一步提取出表征土壤可蚀性的最佳指标。土壤结构水稳定性包括 WSA、CLA、MWDW 和 SOM，土壤结构力稳定性包括 BD、SC 和 SHS；土壤结构生物稳定性则以 SMN 表征；坡度因素以 SLOPE 表征（表 2.8）。

表 2.8　　主成分因子的敏感性分析

主成分	评价指标	极差	变异系数/%	相对极差
水稳定性（P_1）	SOM	15.60	28.79	0.98
	CLA	0.17	21.93	0.91
	WSA	0.60	19.01	0.92
	MWDW	1.74	37.44	1.20
力稳定性（P_2）	BD	0.53	10.61	0.44
	SHS	132.00	78.72	3.14
	SC	105.00	37.48	1.43
生物稳定性（P_3）	SMN	66.10	36.32	1.37
坡度因素（P_4）	SLOPE	17.70	64.50	1.79

根据前人对土壤各类主成分因子的分析系统（袁志发和周静芋，2002；王彬，2009），（强敏感级：相对极差＞5 或变异系数＞100％；高敏感级：相对极差＞2 或 50％＜变异系数＜100％；中敏感级：相对极差＞1 或 10％＜变异系数＜50％；弱敏感级：相对极差＜1 或变异系数＜10％）可对四个主成分的敏感性进行评级。其中为避免强敏感级因子在计算过程中带来的估算误差和弱敏感级因子造成模型响应迟钝等问题，因此需要将这两类因子剔除。各因子变异系数均在 10％～100％，属于高敏感级和中敏感级指标，结合各因子的相对极差及个主成分所占的方差变异筛选出分别能够用来评价各主成分的最优因子。即水稳定性因子为 MWDW、SOM；力稳定因子为 SC；生物稳定性因子为 SMC；坡度因素为 SLOPE。

综上所述，可以得出紫色土坡耕地耕层土壤结构稳定性评价指标可以使用湿筛作用下的团聚体平均重量直径（MWDW）、土壤有机质（SOM）、土壤紧实度（SC）、土壤微生物量氮（SMN）以及坡度（SLOPE）五个指标进行评价。

（2）稳定性耕层因子区间值界定。结合表 2.7 可以确定合理耕层中各土壤稳定性指标的区间值。以一级（优）和二级（良）坡耕地耕层土壤结构稳定性为参考，确定出的稳定性耕层中各主要土壤因子合理范围分别为：湿筛团聚体平均重量直径（MWDW）为 1.93±0.07；土壤有机质（SOM）为（18.22±1.3）g/kg；土壤紧实度（SC）为（625.17±64.54）kPa；土壤微生物量氮（SMN）为（48.07±4.88）mg/kg；坡度为 5.63°±0.6°。

第三节　坡耕地土壤结构稳定性对面源污染的影响

1. 土壤可蚀性特征

紫色土是发育于紫色砂岩、页岩上的土壤，该类型土壤母质在湿热的气候条件下极易发生风化，同时母质中所含的大量碳酸盐延缓了土壤酸化过程，造成了紫色土的的土层松散。表层土壤侵蚀严重，土粒极易随径流流失。然而土壤可蚀性受土壤自身性质和环境因素影响，尚不能以土壤中某一理化性质的测定对土壤可蚀性进行描述。目前，用来表征土壤可蚀性的指标有很多，一些研究（Bennet，1926；Bouyoucos，1935；朱显谟，1954；唐克丽，1964）使用土壤内在性质如土壤质地、结构、有机质含量、团聚体、化学组成等指标表征土壤可蚀性，也有通过学者（Gussak，1946；Olson 和 Wischmeier，1963；蒋定生，1978）使用侵蚀动力过程如抗冲性指数、侵蚀系数等表征土壤可蚀性。由于土壤抗冲性指数和土壤团聚体崩解率测定方便，结果可靠，在一定程度上较好的指示土可蚀性，故本研究采用团聚体崩解法和原状土水槽冲刷法测定土壤团聚体崩解率和抗冲性指数以表征坡耕地耕层土壤可蚀性。

（1）土壤团聚体崩解速率。不同土地利用类型和地形条件，土壤管理存在一定差异，因此影响到有机质的积累和保持，进而影响土壤团聚体的水稳定性状况。大量研究表明（何富广和赵荣慧，1994；胡海波等，2001；沈慧和鹿天阁，2000；史东梅等，2005）通过土粒崩解法测定的土壤水稳定性指数即单位时间内崩解土粒与总土粒的比例可以直观的反映土壤的可蚀性能。

紫色土坡耕地 0～10cm 土壤团聚体静水崩解率在 47%～76%（表 2.9）。土壤团聚体在前 5min 内崩解率逐渐上升，在第 5～10min 内达到稳定，第 10min 的团聚体崩解率即为最终团聚体崩解率。在第 5min，以陡坡区 C1、

C2、C3 的崩解率最大，其次为中坡区 B1、B2、B3（57%、56%、60%）、缓坡区 A1、A3（53%、59%）；缓坡区 A2 土壤团聚体崩解率最小为 44%，但各样点差异规律不显著。在第 10min 时，土壤团聚体崩解率达到稳定，其中仍以陡坡区 C1、C2、C3（76%、75%、76%）最大；中坡区 B1、B2、B3（67%、64%、68%）、缓坡区 A1、A3（60%、63%）次之；缓坡区 A2（47%）最小。这一规律与第 5min 时的团聚体崩解率差异一致，表明土壤团聚体崩解试验过程中，各处理第 5min 已开始出现差异。方差分析表明，缓坡区（A1、A2、A3）和中坡区（B1、B2、B3）团聚体崩解率无显著差异，但与陡坡区（C1、C2、C3）差异达显著水平。

表 2.9　　团聚体崩解率　　%

样点	时间/min									
	1	2	3	4	5	6	7	8	9	10
A1	9	27	40	47	53bc	60	60	60	60	60b
A2	3	15	27	37	44c	45	47	47	47	47a
A3	17	31	43	53	59b	63	63	63	63	63b
B1	19	35	47	52	57b	63	65	67	67	67ab
B2	17	31	39	48	56b	63	64	64	64	64b
B3	25	37	47	52	60b	65	67	67	68	68ab
C1	17	31	55	64	72a	76	76	76	76	76c
C2	24	41	52	57	63ab	71	72	73	75	75c
C3	24	37	56	59	63ab	64	72	75	76	76c

注　a、b、c、d 为不同样点间的 $p<0.05$ 水平差异显著性。

从图 2.18 中可以看出，缓坡区在 0～10min 内团聚体崩解率始终低于其他坡区，中坡区和陡坡区在前 2min 内基本一致，但在第 3min 时陡坡区开始逐渐高于中坡区。在第 10min 时，不同坡耕地平均土壤团聚体崩解率分别为陡坡区 76%、中坡区 66%、缓坡区 56%。其中缓坡区和中坡区土壤团聚体崩解率均显著低于陡坡区。表明相比陡坡区坡耕地而言，缓坡区和中坡区坡耕地耕层土壤团聚体稳定性最高，土壤可蚀性最强，不同坡度的土壤团聚体崩解率表现为：缓坡区＜中坡区＜陡坡区。

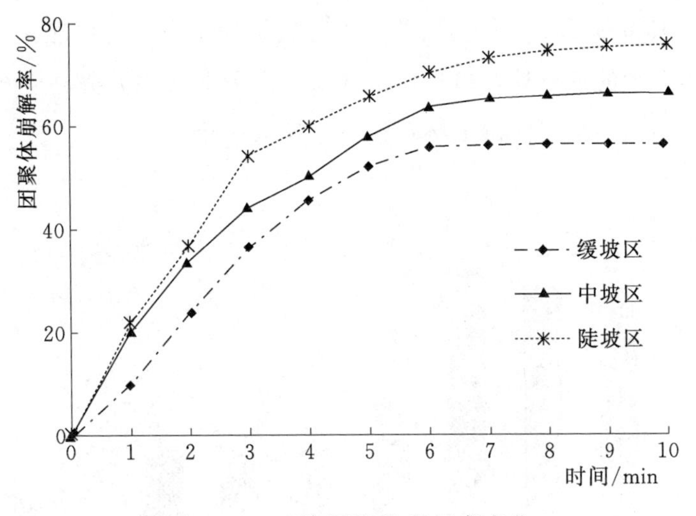

图 2.18 土壤团聚体崩解率变化

本研究中团聚体崩解规律与史晓梅等（2007）有关紫色土耕地的研究结果一致，崩解率均在第5min逐渐稳定。但研究区内土壤团聚体崩解率变化与史长婷等（2009）和张洲等（2014）的研究结果有一定差异，在史长婷（2009）的研究中，耕地的土壤团聚崩解速率在第1min已达88%，在第4min已经完全崩解。而在本研究中，团聚体崩解率在前5min逐渐上升，在第5min后才逐渐趋于平稳，稳定状态下的团聚体崩解率基本维持在70%以下。这可能是因为史长婷等（2009）使用了大粒级的土壤团聚体（5～10mm）进行崩解试验，大团聚体含有更多的空隙，因此经水分散后“气爆”现象更明显，故出现较高的崩解率。而在本试验中，团聚体粒径在2～5mm，所以导致崩解率出现一定差异。此外，土壤类型及耕地类型的差异也可能是导致土壤崩解速率产生差距的重要原因。

（2）土壤抗冲性指数。0～10cm土壤抗冲性指数分布在0.94～3.33min/g，缓坡区土壤抗冲性指数均显著高于中坡区和陡坡区，中坡区土壤抗冲性指数略大于陡坡区，但二者抗冲指数值差异不明显（图2.19）。缓坡区抗冲性指数分别为A1、A2、A3（2.68min/g、3.16min/g、3.32min/g），中坡区抗冲性指数为B1、B2、B3（1.72min/g、1.63min/g、1.50min/g），陡坡区抗冲性指数为C1、C2、C3（1.58min/g、0.94min/g、1.24min/g）。陈晏等（2007）研究发现紫色土丘陵区传统农耕地的土壤抗冲指数在0.4～

0.8min/g，其范围低于本试验所测定的土壤抗冲指数。这可能是因为本试验采样时期为玉米的抽雄期，植株地下部分（主要是根系）发达，根系通过包裹、缠绕、黏结等作用使得土壤颗粒不容易被冲散。

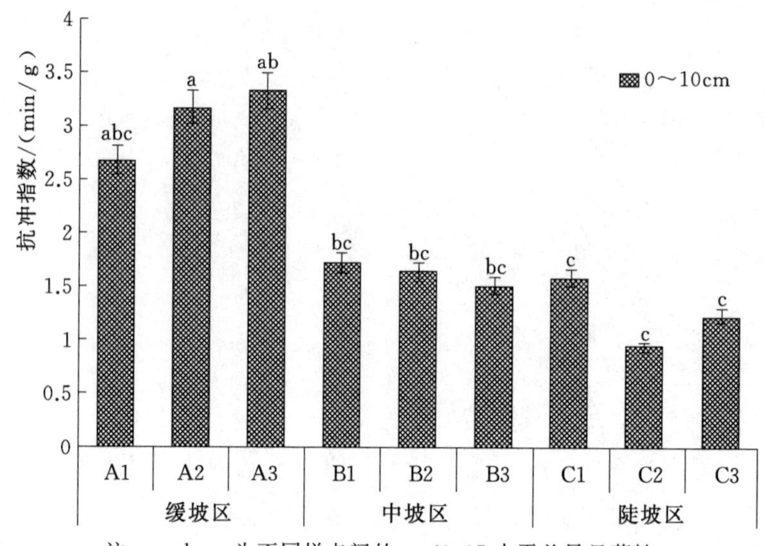

注：a、b、c为不同样点间的 $p<0.05$ 水平差异显著性。

图 2.19　土壤抗冲指数

土壤抗冲性指数越大，土壤可蚀性越强。缓坡区坡耕地耕层土壤平均可蚀性分别高出中坡区和陡坡区 46.9%和 59.0%。说明坡度和土壤结构均能够影响土壤可蚀性，这可能是因为在冲刷试验中，随着坡度的增大水流剪切力增强，使得水流携带泥沙能力增加，从而增加了水流对土壤的剥蚀能力，土壤可蚀性减小。张艺（2012）通过对 8 种不同临界坡度下土壤的可蚀性进行分析也得出了类似的结论。但大量研究证明，土壤侵蚀并不是随坡度的增加而无限增加。曹文洪（1993）认为当坡度超过临界坡度时，土壤的侵蚀量反而会降低，土壤可蚀性增加。陈永宗等（1988）通过对黄土高原地区大量径流小区资料的分析结果表明临界坡度为 25°～28°。陈法扬等（1985）对不同坡度下的土壤冲刷量研究结果表明，人工扰动下的红壤的侵蚀转折坡度为 25°。陈明华和聂碧娟（1995）在福建的研究指出自然原状土和人工扰动下的土壤侵蚀转折坡度值分别为 40°和 25°。四川丘陵紫色土坡耕地坡度均在 25°以下，低于土壤侵蚀转折坡度，故在本

研究中的3种不同坡度坡耕地土壤可蚀性会随着坡度的增加而降低。

（3）土壤可蚀性指标间的回归分析。图2.20为土壤可蚀性指标间（团聚体崩解率和土壤抗冲性指数）的回归关系。从图2.20中可以看出，土壤团聚体崩解率和土壤抗冲性指数存在极显著的负线性回归关系，相关系数达0.812。回归方程为 $y=-0.089x+0.837(R^2=0.812, n=9, p<0.01)$。表明土壤抗冲性指数越高，土壤团聚体崩解率越小，土壤越趋于稳定。土壤团聚体崩解率和土壤抗冲性指数均能反映土壤的可蚀性能，两者间密切的回归关系进一步验证了其被用来表征土壤可蚀性的合理性。

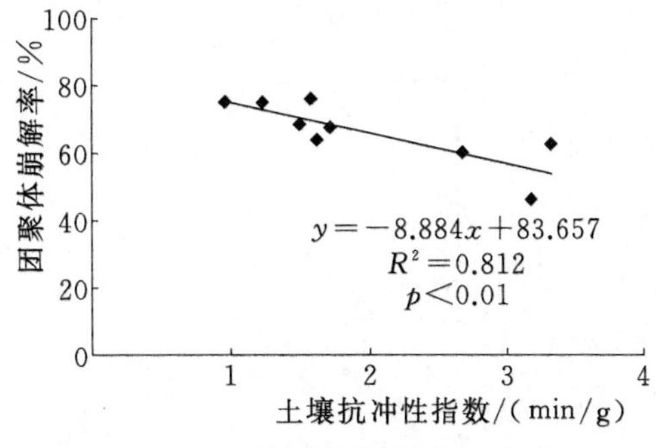

图2.20　可蚀性指标间的回归关系

2. 土壤结构稳定性与可蚀性分析

土壤结构稳定性影响土壤可蚀性，而土壤受到侵蚀后伴随着侵蚀—搬运—沉积作用会引起土壤结构的变化，因此土壤结构与土壤可蚀性的影响是相互的。土壤团聚体崩解率和土壤抗冲性指数均能从一定程度上反映土壤可蚀性能，而且两者间有极显著的回归关系。但由于土壤团聚体崩解率是用来描述土壤团聚体稳定性状况的单一指标，而土壤抗冲性是与土壤水稳定性、力稳定性和生物稳定性及坡度相关的综合指标，因此本文进一步筛选出土壤抗冲性指数作为土壤可蚀性的评价指标进行坡耕地耕层土壤结构稳定性的相关性进行分析。

从图2.21可以看出，土壤结构稳定性指数与土壤抗冲性指数存在显著的线性正相关，土壤结构稳定性越高，则土壤抗冲性越强，土壤可蚀性越高。土壤抗冲性指数与土壤结构稳定性的回归关系为 $y=0.295x+1.801(R^2=0.683, n=21, p<0.05)$。证明土壤结构对土壤可蚀性有显著的影响，相对于缓坡区坡耕地，由于其土壤结构好且坡度小，径流产生的概率小，因此拥有更高的可蚀性；而陡坡区和中坡区坡耕地土壤结构性差于缓坡区，且坡度因素使得该地区坡耕地更容易发生地表径流，因此土壤可蚀性低。

大量有关土壤可蚀性的研究均采用土壤结构中的部分指标对以描述土壤

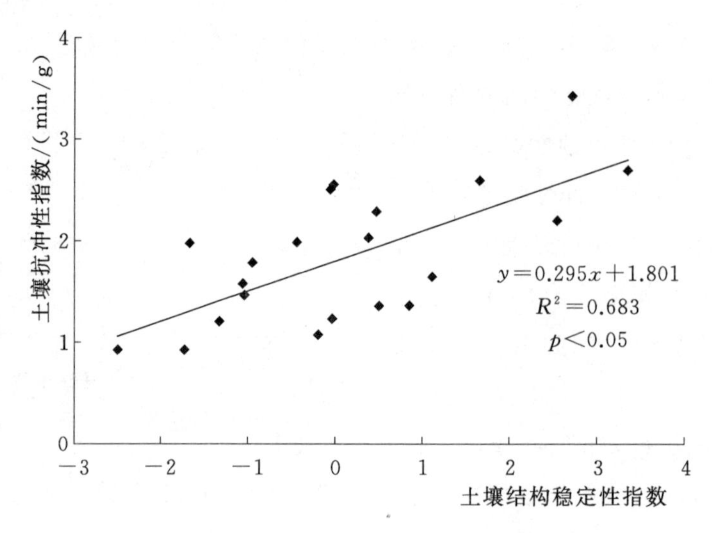

图 2.21 土壤抗冲性与土壤结构稳定性指数回归关系

可蚀性特征。一部分学者（史晓梅等，2000；王景燕等，2010）使用了隶属于第 1 主成分的水稳定性团聚体类指标如 0.25mm 和 0.5mm 水稳定性团聚体，团聚体结构破坏率衡量紫色土的可蚀性。也有一部分学者（孙泉忠等，2010；李富程等，2016）使用隶属于第 2 主成分的力稳定性指标即土壤紧实度，抗剪切强度、容重等因子评价土壤可蚀性。此外，还有学者使用第 3 主成分中的土壤生物因素（戴全厚等，2008；刘定辉和李勇，2003；徐少君和曾波，2008；薛萐等，2011）即植被覆盖、植物根系、土壤微生物等因素来评价土壤可蚀性。研究结果表明这些土壤结构类指标均与土壤可蚀性有密切关系。王景燕等（2010）对川南地区不同退耕地土壤可蚀性的研究表明，随着土壤有机质，团聚体的增加，土壤抗蚀指数显著增加。孙泉忠等（2010）对黔中喀斯特地区土力学特性对土壤侵蚀影响的研究表明，土壤紧实度与团聚体崩解速率的关系为 $y=-0.163\ln x+0.539(R^2=0.709，n=37，p<0.05)$，表明土壤紧实度越大，土壤崩解速率越低，可蚀性越强。但这些研究仅从土壤结构的某一方面研究土壤可蚀性，缺乏综合的土壤结构稳定性，难免带有一定片面性。本文所使用的土壤结构稳定性指数是评价土壤各因子组合的综合指标，并且与土壤可蚀性表现出很好的相关性，因此它能够从科学的角度反映该紫色土的土壤结构特征及其可蚀性影响状况。

第三章 稻油轮作系统增效减负集成技术

第一节　以碳调氮的增效减负技术

从养分供应和植物吸收平衡的角度出发，围绕“以碳调氮”的原则，研究明确了适宜于稻田增效减负的有机无机肥的合适用量。

为了研究明确适宜于稻田增效减负的有机肥、无机肥配施养分管理技术，在四川省德阳市中江仓山镇响滩村开展田间定位试验研究。供试品种为川香6203，有机肥为绿安商品有机肥（全氮含量2.81%，全磷8.90%，全钾2.41%），种植模式为油菜—水稻。采用二因素裂区试验设计。主处理为有机肥施用量，设置OM1、OM2、OM3共3个水平（有机肥施用量分别为1500kg/hm^2、3000kg/hm^2、4500kg/hm^2），副处理为化肥氮肥施用量，设置N1、N2、N3、N4共4个水平（N1、N2、N3和N4的纯氮施用量分别为150kg/hm^2、120kg/hm^2、90kg/hm^{2}和0kg/hm^2），共12个处理，每个处理3重复，小区面积6.4m×3m。

水稻采用旱育秧，等行距移栽，每穴栽单株，小区间间隔40cm，重复间间隔100cm，小区和重复之间的田埂用薄膜包扎。磷钾肥和有机肥全部作底肥，氮肥底肥、分蘖肥、穗粒肥的比例为6∶2∶2。水稻行距×株距=

0.3m×0.2m，密度为16.7万穴/hm²，每穴种植1株。

1. 有机无机肥配施对水稻产量影响

由表3.1分析可知，氮肥用量极显著影响水稻产量，有机肥用量显著影响水稻产量，而有机肥用量和氮肥互作效应未达到显著差异，说明通过合理配施有机肥合理用量处理可能实现对最高水稻产量的调控。当有机肥用量为OM1时，N1、N2、N3之间水稻产量均存在显著性差异；与N4相比，N1、N2、N3分别增产49.02%、38.79%、22.96%。当有机肥用量为OM2时，N1、N2均显著高于N3，而N1与N2差异未达显著水平；与N4相比，N1、N2、N3分别增产46.17%、41.75%、22.98%。当有机肥用量为OM3时，N2显著高于N3，但N1与N3之间差异未达显著水平；与N4相比，N1、N2、N3分别增产37.23%、41.47%、27.17%。

由此得出，在施用较低水平有机肥条件下（1500kg/hm²），减少氮肥用量会显著降低水稻产量；但当有机肥增加至3000～4500kg时，增加氮肥用量后水稻增产不显著甚至出现减产趋势。产量构成因素变化可知，氮肥施用量显著影响有效穗且N2>N3>N1>N4，有机肥用量极显著影响千粒重且OM2>OM3>OM1，进而说明化肥氮肥主要通过调控有效穗而影响产量，而有机肥则通过调控千粒重而影响水稻产量。

表3.1　　不同处理对水稻产量及产量构成影响

处理		产量/(kg/hm²)	有效穗/(10⁴个/hm²)	穗粒数/(粒/穗)	千粒重/g
OM1	N1	9067.45a	133.96ab	202a	30.68a
	N2	8445.20b	161.60a	184a	30.73a
	N3	7481.70c	136.86ab	183a	30.02a
	N4	6084.74d	100.95b	203a	30.04a
OM2	N1	9345.44a	140.66a	206a	31.36a
	N2	9062.86a	148.21a	184a	30.18a
	N3	7862.80b	147.36a	188a	31.32a
	N4	6393.52c	125.82a	192a	30.26a

续表

处理		产量 /(kg/hm²)	有效穗 /(10⁴ 个/hm²)	穗粒数 /(粒/穗)	千粒重 /g
OM3	N1	9037.06ab	140.32a	192a	29.62a
	N2	9316.54a	147.65a	183a	29.73a
	N3	8410.23b	143.25a	219a	28.17a
	N4	6585.56c	145.63a	207a	29.83a
OM1 平均		7769.78b	133.34a	193a	30.37ab
OM2 平均		8166.15ab	140.51a	192a	30.78a
OM3 平均		8337.35a	144.21a	200a	29.34b
显著性检验 F 值					
OM		4.979*	1.737	0.541	5.876**
N		176.952**	3.421*	2.911	0.732
OM×N		2.079	1.329	2.074	1.224

注 同列数据后不同字母表示差异达 $p<0.05$ 显著水平。

2. 有机无机肥配施对氮素吸收利用影响

水稻总吸氮量主要分配于籽粒，占整个植株氮素 63.98%～74.46%。有机肥施用量与秸秆吸氮量、籽粒吸氮量和总吸氮量呈正相关，但不同有机肥用量对秸秆吸氮量、籽粒吸氮量、总吸氮量的影响无显著性差异。化肥氮肥用量显著影响秸秆吸氮量、籽粒吸氮量和总吸氮量。当有机肥用量为 OM1 和 OM2 时，籽粒吸氮量和总吸氮量随着氮肥用量增加而增加，N1 和 N2 均显著大于 N4，但 N1 和 N2 之间差异未达显著水平。当有机肥用量为 OM3 时，籽粒吸氮量和总吸氮量均表现为 N2>N1>N3>N4。由此表明，从氮素高效吸收利用的角度出发，有机肥投入量为 1500～3000kg/hm² 时氮肥用量减少 20%不会影响水稻氮素吸收，而有机肥用量为 4500kg/hm² 时氮肥用量减少 40%不会显著影响水稻氮素吸收（见表 3.2）。

表 3.2　　不同处理对水稻氮素吸收累积影响　　单位：kg/hm²

处　理		秸秆吸氮量	籽粒吸氮量	总吸氮量
OM1	N1	29.08ab	83.21a	112.29a
	N2	30.65a	75.34ab	105.99a
	N3	24.40ab	67.44b	91.84b
	N4	20.57b	51.78c	72.35c
OM2	N1	30.69a	86.04a	116.73a
	N2	29.40a	79.18ab	108.58a
	N3	31.92a	67.59bc	99.51ab
	N4	24.02a	55.85c	79.87b
OM3	N1	34.14a	81.68a	115.82a
	N2	30.34a	88.46ab	118.80a
	N3	30.75a	76.72b	107.47a
	N4	26.83a	56.68c	83.50b
OM1 平均		26.17a	69.44a	95.61a
OM2 平均		29.01a	72.17a	101.17a
OM3 平均		30.51a	75.89a	106.40a
显著性检验 *F* 值				
OM		2.584	1.622	2.049
N		2.853*	92.622**	45.297**
OM×N		0.403	2.621	0.538

注　同列数据后不同字母表示差异达 $p<0.05$ 显著水平。

3. 有机肥配施化肥对氮素平衡的影响

国际植物营养研究所（IPNI）的 Clifford S. Snyder（2016）认为，单独追求氮肥利用率最大化是没有意义的，因为氮肥最高利用率往往出现在低施肥量水平，这会导致作物低产或地力耗竭，实际生产上应该追求作物产量和肥料利用率最大化。Brentrup 和 Palliere（2010）提出了用氮素输出与输入率来表示区域或国家尺度上的氮肥利用率，称为移走效率或平衡法氮肥利用率（PNB），肥料利用率＝施肥区作物养分吸收量/施肥量。平衡法氮肥利用率能正确评估土壤肥力和施肥对土壤肥力的影响。利用率大于1表示施肥量不足，土壤地力被消耗；利用率为0～0.5表示施肥量高，养分损失大；利用率为0.5～0.9表示施肥量适当；利用率为0.9～1.3表示作物吸收大于施肥量。各施肥处理平衡法氮肥利用率变化如图3.1所示。

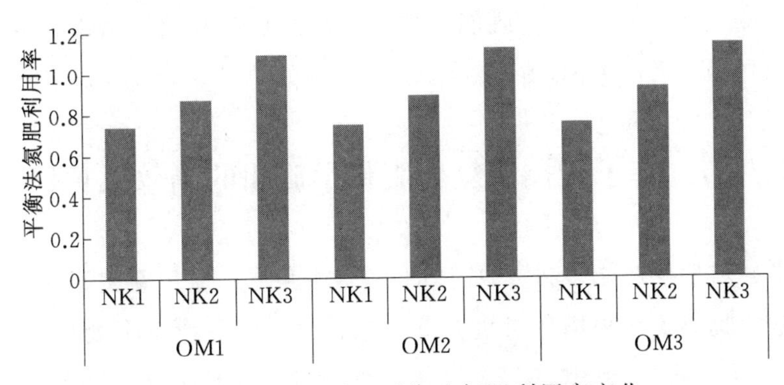

图3.1　各施肥处理平衡法氮肥利用率变化

根据二因素方差分析可知，化肥氮肥施用量显著影响平衡法氮肥利用率，而不同有机肥用量、有机肥和氮肥交互作用对平衡法氮肥利用率无显著影响。氮肥施用量与平衡法氮肥利用率呈负相关关系，氮肥用量为150kg/hm^{2}和120kg/hm^2，其平衡法氮肥利用率分别为0.75和0.90，均处于适宜施氮量范围，及能够适当控制氮素流失，又能提高作物产量和化肥氮素资源吸收利用；化肥氮肥投入降低至90kg/hm^2，平衡法氮肥利用率为

水稻有机无机肥配施田间试验

1.12，虽然能够显著降低氮素环境流失风险，但可能会造成土壤氮素耗竭而降低土壤肥力。

从养分供应和植物吸收平衡的角度出发，以获得9000kg/hm^{2}的水稻较高产量和氮素高效利用为约束目标，当有机肥用量为15000kg/hm^{2}时，氮肥适宜施用量为150kg/hm^2，当有机肥用量3000～4500kg/hm^{2}时，氮肥适宜施用量为120kg/hm^2。从氮素平衡角度，化肥氮素投入为120kg/hm^2，配施有机肥3000～4500kg/hm^2，既能实现水稻高产稳产和化肥氮素资源吸收利用，还对控制氮素流失和保持土壤肥力具有良好效果。

第二节　基于缓控释复合肥科学施用的增效减负技术

从兼顾耕地生产能力和资源高效利用效率角度，应用新型肥料降低化肥用量，研究提出了水稻增效减负养分管理技术。试验设7个处理，分别为：不施氮（T1）、常规施肥（T2）、100%缓释肥（T3）、90%缓释肥（T4）、80%缓释肥（T5）、100%缓释肥＋保水剂（T6）、100%缓释肥＋生物炭（T7）。常规施肥处理氮、磷、钾用量分别为纯N 150kg/hm^2，P_2O_5 67.5kg/hm^2，K_2O 82.5kg/hm^2，保水剂用量为45kg/hm^2，生物炭用量为3000kg/hm^2。氮肥为尿素（含N46%），磷肥为过磷酸钙（含P_2O_5 12%），钾肥为加拿大氯化钾（含K_2O 60%），缓释肥为住商公司生产的脲甲醛缓释肥（N∶P_2O_5∶K_2O＝20∶9∶11）；保水剂为聚丙烯酰胺（PAM）。生物炭以农作物秸秆为原料的炭粉，其有机碳、全氮、全磷和全钾含量分别为36.12%、0.31%、0.22%和1.49%。各试验处理磷肥和钾肥投入量一致，磷钾肥和缓释肥全部做底肥，氮肥按底肥：分蘖肥为6∶4的比例分2次施用，底肥均在水稻移栽1周后施用。试验采用随机区组设计，每处理3次重复，小区面积8m×3m，小区和重复之间均以薄膜扎埂隔开。供试水稻品种为川优6203。2014—2016年水稻分别于当年6月1日、5月27日、5月28日移栽，9月25日、9月5日、9月12日收获。试验区病虫草害防治及其他田间管理参照大面积生产规范。

各指标的计算公式如下：氮累积量（kg/hm^2）＝地上部生物量×植株氮

含量；氮素收获指数（NHI）＝籽粒吸氮量/植株总吸氮量；氮肥偏生产力（NPFP，kg/kg）＝施氮区产量/施氮量；氮肥农学利用率（NAE，kg/kg）＝（施氮区产量－无氮区产量）/施氮量；氮肥吸收利用率（NRE，％）＝（施氮区氮累积量－无氮区氮累积量）/施氮量×100％；氮肥生理利用率（NPE，kg/kg）＝（施氮区产量－无氮区产量）/（施氮区氮累积量－无氮区氮累积量）。土壤氮素依存率（SNDR,％）＝空白区植株总吸氮量/施氮区植株总吸氮量×100％。

1. 不同养分管理措施对水稻产量的影响

由表3.3所示，施氮较不施氮（T1）处理显著增产21.48％～53.83％。不同施氮处理之间水稻产量差异显著，T3和T7连续3年显著增产6.18％～13.46％，2014年和2015年T6处理显著增产9.77％和4.12％，2015年和2016年T4处理显著增产4.12％和5.81％。3年产量平均为T7＞T3＞T6＞T4＞T5＞T2，依次较T2处理增产11.48％、9.59％、6.05％、4.11％和2.71％。本试验结果表明，与常规施肥相比，连续3年施用100％、90％和80％缓释肥以及缓释肥配施生物炭或保水剂都能实现水稻不同程度增产，其中以100％缓控释肥和100％缓控释肥＋生物碳处理增产效果最为明显。

表3.3　2014—2016年不同施肥处理对水稻产量的影响

年份	2014		2015		2016	
处理	产量/(kg/hm²)	增产率/%	产量/(kg/hm²)	增产率/%	产量/(kg/hm²)	增产率/%
T1	6280.51d	－17.68	6093.87d	－28.96	5803.13d	－22.33
T2	7629.50c	0.00	8578.23c	0.00	7471.59c	0.00
T3	8390.85ab	9.98	9108.33ab	6.18	8451.50a	13.12
T4	7917.33bc	3.77	8931.50b	4.12	7905.99b	5.81
T5	7801.05bc	2.25	8809.97bc	2.70	7708.98bc	3.18
T6	8374.78ab	9.77	8931.70b	4.12	7805.50bc	4.47
T7	8546.92a	12.02	9373.92a	9.28	8477.61a	13.46

注　同列数据后不同字母表示差异达 $p<0.05$ 显著水平。

2. 水稻产量构成因素变化

由表3.4所示，施氮处理水稻秸秆生物量较不施氮处理显著提高53.90%～124.44%。与常规施肥（T2）相比，2015年T7处理显著提高21.75%。施氮较不施氮处理水稻穗数显著提高42.45%～67.85%。不同施氮处理间穗数差异显著，T3～T7处理较T2处理提高1.82%～13.18%，其中T3、T6和T7处理连续3年显著提高4.44%～13.18%。不同处理间穗粒数表现为T4、T5和T6处理连续3年较T1处理显著减少7.59%～14.38%，T7处理较T2处理显著提高7.98%。各处理间，结实率无显著差异。千粒重表现为T2和T7处理连续3年较T1处理减少2.76%和6.26%，与T2处理相比，T3处理显著提高5.75%，T7处理显著减少3.58%。

表3.4　　不同处理对水稻产量构成的影响

年份	处理	穗数 /(10^{-4}/hm^2)	穗粒数 /粒	结实率 /%	千粒重 /g	秸秆生物量 /(kg/hm^2)
2014	T1	117.78d	190.93ab	94.08a	28.55ab	3512.24b
	T2	167.78c	179.54c	91.70a	27.58c	5427.17a
	T3	178.89ab	180.81bc	91.16a	28.67ab	5620.13a
	T4	178.89ab	171.37cd	92.55a	28.02bc	5941.59a
	T5	176.67b	163.48d	94.12a	29.04a	5405.17a
	T6	175.22b	175.41c	95.04a	28.50ab	5616.91a
	T7	183.33a	192.90a	92.09a	26.21d	5855.50a
2015	T1	125.11f	183.93ab	91.78a	28.51bc	3496.63c
	T2	185.55e	178.33bc	90.79a	28.37bc	6445.49b
	T3	198.89bc	168.97cd	88.47a	30.38a	6380.49b
	T4	193.44cd	166.47cd	92.38a	29.98ab	6139.94b
	T5	190.89de	165.50d	93.12a	29.95ab	5933.27b
	T6	199.77b	169.97cd	89.98a	29.32ab	6034.38b
	T7	210.00a	192.93a	89.89a	27.10c	7847.70a

续表

年份	处理	穗数 /(10^{-4}/hm^2)	穗粒数 /粒	结实率 /%	千粒重 /g	秸秆生物量 /(kg/hm^2)
2016	T1	125.56d	198.57a	83.00a	27.66b	3555.56b
	T2	183.33c	176.03b	86.91a	26.45cd	5640.67a
	T3	200.07ab	178.30b	84.57a	28.10a	5703.89a
	T4	190.67abc	174.52b	85.85a	27.52b	6334.67a
	T5	190.00bc	177.43b	88.90a	26.86c	6100.00a
	T6	197.71ab	176.30b	87.27a	25.94e	6918.56a
	T7	201.15a	190.67a	84.67a	26.11de	6843.11a

注 同列数据后不同字母表示差异达 $p<0.05$ 显著水平。

3. 水稻氮累积

由表3.5分析可知，施氮处理显著提高水稻籽粒、秸秆和整株氮累积量，较不施氮处理分别显著提高14.05%～99.40%、23.30%～110.90%和16.63%～100.65%。不同施氮处理间氮累积差异显著，缓释肥处理显著提高了水稻籽粒氮累积，3年平均为T7>T3>T6>T4>T5>T2，分别较T2处理显著提高20.95%、12.44%、11.23%、9.91%和5.01%。2014年T4和T5处理水稻秸秆氮累积较T2处理显著减少13.64%和4.51%，2015—2016年缓释肥处理水稻秸秆氮累积较T2处理显著提高了19.30%～65.14%。水稻氮素收获指数3年平均以不施氮（T1）处理最高，T7、T2和T3处理次之，T5、T4和T6处理较低。

4. 氮素利用率

由表3.6分析可知，从氮素生理效率分析，T2处理水稻每吸收1kg氮素生产稻谷37.08～129.73kg，缓释肥处理为42.73～76.02kg。从氮素农学效率分析，T2处理每施用1kg氮素稻谷增产8.99～16.56kg，缓释肥处理增产10.14～21.87kg，3年平均表现为T7>T3>T6>T4>T5，缓释肥处理水稻氮素农学效率较T2处理高，且配施生物炭效果更好。

表 3.5　　不同处理氮累积及氮素收获指数

年份	处理	氮累积/(kg/hm²)			氮素收获指数
		地上部秸秆	籽粒	总体	
2014	T1	22.90d	57.48e	80.37d	0.72a
	T2	40.77ab	75.84d	116.62b	0.65cd
	T3	39.13bc	84.05a	123.18a	0.68b
	T4	35.21c	77.40c	112.61c	0.59e
	T5	38.93bc	77.06c	115.99b	0.66bc
	T6	43.55a	77.57c	121.11a	0.64d
	T7	38.98bc	82.42b	121.40a	0.68b
2015	T1	14.40f	46.77g	61.18g	0.76ab
	T2	21.50e	72.91f	94.36f	0.77a
	T3	30.37a	75.17d	105.83c	0.71d
	T4	25.65d	82.83b	108.33b	0.76ab
	T5	26.95c	73.79e	100.61e	0.73c
	T6	25.84d	78.85c	104.89d	0.75b
	T7	29.68b	93.26a	122.76a	0.76ab
2016	T1	21.59e	55.79f	77.38g	0.72a
	T2	26.62d	63.63e	90.25f	0.71bc
	T3	32.65c	79.58b	112.23c	0.71b
	T4	35.19b	73.20c	108.40d	0.68e
	T5	32.89c	72.16d	105.05e	0.69d
	T6	43.96a	79.81b	123.78a	0.64f
	T7	34.70b	81.20a	115.90b	0.70c

注　同列数据后不同字母表示差异达 $p<0.05$ 显著水平。

表 3.6　　不同处理氮素利用率

年份	处理	氮肥偏生产力（PFPN）/(kg/kg)	氮肥农学效率（NAE）/(kg/kg)	氮肥生理利用率（NPE）/(kg/kg)	氮肥吸收利用率（NRE）/%	土壤氮素依存率（SNDR）/%
2014	T2	50.86c	8.99c	37.08b	24.16b	68.92b
	T3	55.94ab	14.07ab	49.46ab	28.54a	65.25c
	T4	52.78abc	10.91abc	50.86ab	21.49c	71.41a
	T5	52.01bc	10.14bc	42.73ab	23.75b	69.31b
	T6	55.83ab	13.96ab	51.60ab	27.16a	66.37c
	T7	56.98a	15.11a	55.18a	27.35a	66.21c
2015	T2	57.19c	16.56c	74.90a	22.12f	64.84a
	T3	60.72ab	20.10ab	67.49abc	29.77c	57.81d
	T4	59.54b	18.92b	60.23cd	31.43b	56.48e
	T5	58.73bc	18.11bc	68.89ab	26.29e	60.81b
	T6	59.54b	18.92b	64.94bc	29.14d	58.33c
	T7	62.49a	21.87a	53.28d	41.05a	49.84f
2016	T2	49.81b	11.12b	129.73a	8.58f	85.75a
	T3	56.34a	17.66a	76.02b	23.23c	68.95d
	T4	52.71ab	14.02ab	67.73c	20.68d	71.39c
	T5	51.39ab	12.71ab	69.04bc	18.45e	73.66b
	T6	52.04ab	13.35ab	43.16d	30.93a	62.52f
	T7	56.52a	17.83a	69.43bc	25.68b	66.77e

注　同列数据后不同字母表示差异达 $p<0.05$ 显著水平。

从氮肥偏生产能力分析，缓释肥处理提高了水稻的偏生产能力，较 T2 处理提高 2.70%～11.48%，3 年平均表现为 T7＞T3＞T6＞T4＞T5。从氮肥吸收利用率分析，缓释肥处理提高了水稻的氮肥吸收利用率，较 T2 处理提高 24.85%～71.49%，在施氮量一致时，氮肥吸收利用率表现为 T7＞T6＞T3＞T2。从土壤氮素依存率分析，T3、T6 和 T7 处理连续 3 年较 T2 处理分别显著降低了土壤氮素依存率 12.53%、14.71%和 16.71%，2014 年 T4 和 T5 处理降低不显著，但 2015—2016 年，达显著水平，3 年平均降低 9.22%和 7.17%。

本研究结果表明，氮肥的施用能够有效地提高水稻产量，较不施氮增产 21.48%～53.83%，秸秆生物量提高 53.90%～124.44%，穗数提高 42.45%～67.85%。这是因为氮素的缺乏或过量都会导致叶绿素含量、酶含量以及活性失调，进而影响水稻产量，而适宜的施氮量可以提高幼穗分化期叶片和乳熟期籽粒中氮代谢酶的活性，增加抽穗前氮素和干物质积累，从而促进产量的增加。

水稻籽粒产量所需的能源物质一部分来源于茎叶储藏物质的再转移，另一部分来源于抽穗后的光合产物，因此，后期氮素供应对水稻产量形成具有重要意义。缓释肥通过对氮养分释放期的控制，具有肥效长、供肥稳定的特点，能够满足水稻全生育期对氮素的需要。一次性施用控释肥在水稻生长中、后期氮素供应量充足，水稻叶绿素含量较高、成穗率高。同时，也有研究者表明，一次性施用缓释肥可以显著促进根系发育，构建庞大且活跃的根系系统，扩大养分吸收面积，为水稻生育后期的养分供应提供支撑。以缓释肥为载体，可延长养分供应时期，满足水稻整个生育期对氮的需求，提高水稻产量。本研究结果表明脲甲醛缓释肥能提高水稻产量，其中 100%脲甲醛缓释肥较常规施肥处理水稻产量平均提高 9.59%，穗数提高 7.65%，千粒重提高 5.75%，穗粒数和结实率无显著差异。连续 3 年施用减量 10%和 20%的脲甲醛缓释肥，水稻产量分别提高 4.11%和 2.71%，穗数提高 4.96%和 3.33%，千粒重提高 3.77%和 4.13%。本研究中连续 3 年缓释肥减量 10%和 20%，水稻依然保持增产，也有很多报道表明缓释肥减量 20%左右，水稻产量不会显著降低，因此，缓释肥不但能满足水稻生育期的需肥规律，而且能实现一次基施，节约劳动成本，最重要的是能够达到减肥不减产，保护生态环境的目的。

生物炭是生物有机材料在缺氧或低氧环境中经热裂解后的固体产物。目前，大多数研究表明，添加生物炭可以改善土壤理化性状，提高土壤保肥保水性能，改善土壤养分状况，增加作物产量，增加作物对养分的吸收。本研究结果表明，100%缓释肥＋生物炭较常规施肥增产 11.48%，穗数和穗粒数分别显著提高 10.72%和 7.98%，千粒重显著减少 3.58%。本研究中施用生物炭后水稻千粒重显著减少 3.58%，且随着试验年限的增加，施用生物炭较单施缓释肥处理增产率降低。这可能是因为供试土壤本身有效氮素含量较低，持续大量使用生物炭造成水稻生理性缺水，影响了水稻生理生长，降低水稻叶片的叶绿素含量，从而可能使作物产量下降；此外，生物炭较高的碳氮比，也会固持土壤大量氮素，导致土壤有效氮含量降低，从而降低水稻植物对氮素的吸收利用。

缓释肥料因其具有提高肥料利用率、减轻施肥对环境的污染及一次性施肥，减少劳动力投入等优点已经成为今后作物高效施肥发展的趋势。本研究结果表明，施用缓释肥较常规施肥提高了水稻籽粒氮累积、氮素农学效率、氮肥偏生产能力、氮肥吸收利用率。这表明缓释肥减氮处理不但可以减少肥料的投入，提高肥料利用率，而且能够实现一次基施，减少了劳动力的投入。本研究中，缓释肥配施生物炭处理的氮肥利用率最高，较常规施肥，氮肥农学效率提高 49.47%，氮肥偏生产力提高 11.48%，氮肥吸收利用率提高 71.49%。很多研究表明配施生物炭显著提高水稻的氮肥利用率，生物炭能够提高氮素利用率的原因可能是，生物炭表明含有丰富的官能团和巨大的比表面积，可以吸附养分离子，还可以通过提高土壤阳离子交换量，交换吸附更多养分离子，对养分吸附和缓慢释放起到一定作用，从而提高土壤肥力和肥料利用率。相关研究也表明，添加生物炭可以提高土壤全氮、全磷和速效钾含量。但是本研究结果表明常规施肥水稻的氮素生理效率为 37.08～129.73kg/kg，且随着试验年限的增加逐渐增加，缓释肥处理为 42.73～76.02kg/kg，随着试验年限的增加波动不大。这可能是因为缓释肥处理的氮肥生理效率比较稳定，受水稻产量的影响较小，当氮肥过量施用时，造成水稻对氮的奢侈吸收，而氮肥生理利用率急剧下降。在水稻生长后期过量施用氮肥比在水稻生长前期过量施用氮肥引起的氮肥生理利用率降幅更大。等量缓释肥单施或配施生物炭处理的土壤氮素依存率连续3年显著降低，平均为12.53%和16.71%，90%和80%缓释肥处理3年平均降低9.22%和7.17%，这表明施用缓释肥能够降低水稻产量对土壤氮的依赖，提高了氮肥的利用效率。

施用氮肥能显著提高水稻产量，增产21.48%～53.83%。缓释肥配施生物炭能够显著提高水稻产量，提高穗数和穗粒数，但降低了千粒重，同时施用生物炭较单施缓释肥处理的增产率随着试验年限的增加有降低趋势。施用脲甲醛缓释肥能显著提高水稻产量，增产2.71%～11.48%，缓释肥减施10%和20%均没有降低3年水稻产量，脲甲醛缓释肥适合该区域稻油系统中水稻季的施用，实现减肥不减产的目的。

与习惯施肥相比，施用缓释肥均提高了水稻氮素农学效率、氮肥偏生产能力和氮肥吸收利用率，降低了氮素土壤依存率，其中，缓释肥配施生物炭的氮肥利用率最高。但水稻的氮素生理效率表现为常规肥较高。说明缓释肥在提高肥料利用率和降低氮的环境效应上具有一定的优势。

水稻缓控释复合肥田间试验

第三节　油菜缓释肥增效减负施用技术

为了研究提出基于缓控释肥施用技术基础上的油菜增效减负技术，在四川省德阳市中江仓山镇响滩村，以川油36为供试材料，开展田间定位试验。按单因素随机区组设计，设6个处理。小区面积7m×3m，每处理3重复。各处理如下：

T1：无氮；P_2O_5 5.4kg/亩，K_2O 6.6kg/亩。T2：常规施肥，纯N 12kg/亩，P_2O_5 5.4kg/亩，K_2O 6.6kg/亩。T3：住商复合肥纯N 12kg/亩（复合肥60kg/亩，含氮12kg，P_2O_5 5.4kg，K_2O 6.6kg/亩）。T4：住商复合肥纯N 10.8kg/亩（复合肥54kg/亩，含氮10.8kg，P_2O_5 4.86kg，K_2O 5.94kg/亩）。T5：住商复合肥纯N 9.6kg/亩（复合肥54kg/亩，含氮9.6kg，P_2O_5 4.32kg，K_2O 5.28kg/亩）。T6：住商复合肥纯N 12kg/亩（复合肥60kg/亩，含氮12kg，P_2O_5 5.4kg，K_2O 6.6kg/亩）+高分子聚合物PAM（1.2kg/亩）。油菜育苗移栽，1株/穴，行距株距30cm×30cm。移栽返青后，各处理肥料一次性穴施；高分子聚合物PAM、细沙和肥料混合均匀，穴施于试验小区。

1. 油菜干物质积累量

油菜干物质积累量随着生育期推进而逐渐增加，不施氮肥处理的油菜各生育时期生物量最低，说明不施氮肥显著制约油菜生长发育。油菜越冬期生物量积累以T5处理最高，表明前期化肥用量过高抑制干物质积累，而蕾苔期生物量以T2处理最高。初花期以后，等量养分投入条件下，施用缓释肥处理T3、T6处理与常规施肥T2相比，干物质积累无显著性差异。青荚期和成熟期以T6处理干物质积累量最高，且分别比常规施肥T2处理增加了36.44%和19.45%。可能原因在于一方面油菜花期以后进入生殖生长阶段，养分需求量较大，而缓释肥具有持续供肥能力，另一方面在冬季干旱条件下施用高分子聚合物PAM增加了土壤保墒能力，为后期生殖生长提供了良好的生长环境（表3.7）。

表 3.7　不同施肥处理对油菜不同生育时期生物量积累影响　单位：g/株

处理	越冬期	蕾苔期	初花期	青荚期	成熟期
T1	3.59c	9.55d	14.10d	26.69c	53.90c
T2	17.89b	32.95a	66.08ab	68.52b	115.13ab
T3	19.20b	23.59bc	67.30a	75.09b	114.01ab
T4	19.56b	28.41ab	58.01bc	68.91b	101.69ab
T5	34.64a	21.74c	55.10c	86.73a	85.17bc
T6	18.09b	18.78c	62.31abc	93.49a	137.53a

注　同列数据后不同字母表示差异达 $p<0.05$ 显著水平。

2. 油菜产量变化

各处理之间油菜产量存在显著性差异。与传统施肥技术 T2 处理相比，不施用氮肥显著降低油菜产量，导致减产 77.02%；缓释肥用量减少，油菜产量显著降低，T4 和 T5 处理分别减产 6.67%和 14.61%；等量养分投入条件下施用缓释肥显著增加油菜产量，T3 和 T6 处理分别增产 7.56%和 7.77%，但 T3 和 T6 处理差异未达显著性水平。

综上所述，充足的养分供应对保证油菜生长发育和产量具有重要作用，与传统单质肥料相比，等量养分施用缓释复合肥可以提高油菜产量约 7%左右。

油菜缓控释复合肥田间试验

油菜缓控释复合肥田间试验

第四章 旱作坡耕地径流调控及氮磷流失阻控集成技术

第一节 以径流调控负荷削减为核心的坡耕地面源污染控制技术

针对库区上游垦殖指数高、旱坡地水土迁移是氮磷流失的主要载体的问题，以坡面径流调控及污染负荷减负为核心，筛选出玉米生产季横坡种植+地膜覆盖减蚀增效农艺措施。

试验设顺坡平作无覆盖（CK）、等高横坡种植（CT）、等高横坡增施有机肥（CT+OM）、等高横坡并进行地膜覆盖（CT+PM）、等高横坡并进行麦秸覆盖（CT+SM）5个处理。随机区组设计，3次重复。主要研究对象为玉米生长季坡耕地的水沙过程，玉米种植按照200cm开厢，在冬麦预留的玉米种植带中央种植2行玉米，2行玉米间距为40cm，株距为25cm。CT+OM施用有机肥3000kg/hm^2（有机碳35.30%，全氮2.88%，全磷5.49%，全钾2.17%）；CT+PM先覆盖地膜，后移栽玉米，玉米移栽在膜上，地膜宽度为80cm，地膜厚度为0.004mm；CT+SM先移栽玉米后完成麦秸覆盖，上一季小麦收获后的秸秆覆盖于玉米种植带，麦秸采用整秆还田，用量为3.75×10^{3}kg/hm^2。各处理移栽后单株灌水1L。每处理施纯N 240kg/hm^2，

P_2O_5 90kg/hm²，K_2O 90kg/hm²。氮肥按照基肥、追肥、粒肥比例为2∶3∶5分别于播种前、三叶展期和十叶展期施用，磷、钾肥全部作基肥施用。

研究区产生径流的侵蚀性降雨主要集中在5—9月，主要是玉米生长季时段，其他月份径流量较少，故主要对该时段的降雨径流和泥沙进行取样和测定。利用自动气象站记载玉米生育期内逐日降雨资料。每次自然降雨产流后，测定集流池中径流水位，计算地表径流量。以晚8：00至次日晚8：00为1d的完整监测时间，试验期内共发生44次降雨事件，依照国家气象局颁布的降水强度等级划分标准（内陆部分），本次试验过程中，降雨量小于10mm的小雨降雨事件均无地表径流产生，除了6月20日和8月29日2次中雨（降雨量10～24.9mm）有径流产生外，其他中雨事件无地表径流产生。大雨（降雨量25～49.9mm）和暴雨（降雨量50～99.9mm）事件共有6次，大暴雨（降雨量100～249.9mm）降雨事件2次。总降雨量达1124.48mm。试验期内共观测到11场降雨的径流量数据：2013年的6月5日、6月20日、6月29日—7月1日、7月16日、7月18日、7月20日、7月22日、7月29日、8月1日、8月8日、8月29日，同时获得9次降雨的泥沙量数据（6月20日和8月29日2次中雨事件有径流产生，但产生的泥沙量很少）。降雨产流后，每个径流小区分别记录集雨池径流量后，先用清洁工具（如竹竿、木板）充分搅匀径流池中的径流泥水样，然后利用清洁容器，在每个径流池中部取300mL泥水样2个。其中，1个样品带回实验室，用定量滤纸（经过烘干、称重）过滤后烘干称重，用差减法测定泥水样中的泥沙含量。另外1个泥水样样品带回实验室，加浓硫酸1滴调节pH值，及时测定或冰冻保存，测定径流泥水样中的全氮、全磷、可溶性氮、可溶性磷、铵态氮、硝态氮含量，根据径流量和泥沙量分别计算不同形态氮磷养分流失总量。

每次降雨后，将降雨的雨水样品分装到2个样品瓶（标记采样信息）中，水量充足时，每瓶水样不少于500mL，样品较少时，采用多次收集。其中一个供分析测试，另一个备用。样品采集后，及时送检或加浓硫酸1滴并低温冰冻保存，测定全氮、全磷、铵态氮、硝态氮含量。

面源污染的产生、迁移与转化过程与地表水文过程紧密相关，同时受不同农业措施的显著影响。以径流小区为研究对象，分析了不同农业措施下的径流系数和径流曲线数，径流系数 R 和潜在蓄水能力 S 由测定得到的降雨量和径流深度得到，径流曲线数 CN 由潜在蓄水能力 S 与 CN 值的经验转换关系获得，计算公式如下：

$$R=\frac{Q}{P}$$

$$S=5[P+2Q-(4Q^2+5PQ)^{1/2}]$$

$$CN=\frac{25400}{254+S}$$

式中　R ——径流系数；

Q ——单次降雨的径流深，mm；

P ——单次降雨量，mm；

S ——潜在蓄水能力，mm；

CN ——径流曲线数。

径流系数由降雨量和径流深度之比得到，潜在蓄水能力 S 可根据降雨量和径流量获得，利用 S 可计算出某次降雨径流相应下垫面条件下 CN 的值。

土壤可蚀性与泥沙流失率和坡面径流率之间紧密相关，以单位面积单位径流冲刷动力即单位径流深冲刷侵蚀量 K_w [kg/(m^2 · mm)] 作为土壤可蚀性指标，既可反映径流冲刷动力因子的作用，也可揭示土壤本身抵抗径流冲刷的能力，计算公式如下：

$$K_w=\frac{W}{AQ}$$

式中　W ——单次降雨产沙量，kg；

A ——径流小区面积，m^2。

1. 侵蚀性降雨条件下不同农业措施的截流效果

由图 4.1 可知，CK 径流量最大，年径流量为 212.40mm，径流系数变幅为 18.89%～32.23%。单次降雨产流事件中，与 CK 相比，等高横坡耕作及其不同覆盖条件均有显著削减径流的作用。紫色土坡地土壤层浅薄，土壤渗透性强且持水力低，这些发育特性决定了紫色土具有极强的渗透性，雨水极易下渗使土层蓄满达到饱和，并沿着坡向移动形成坡面径流，而不同的农业措施影响坡面径流的形成。在横坡耕作措施中，CT＋OM与CK的拦截效果差异不显著，CT＋PM和CT＋SM对径流的拦截效果很明显。

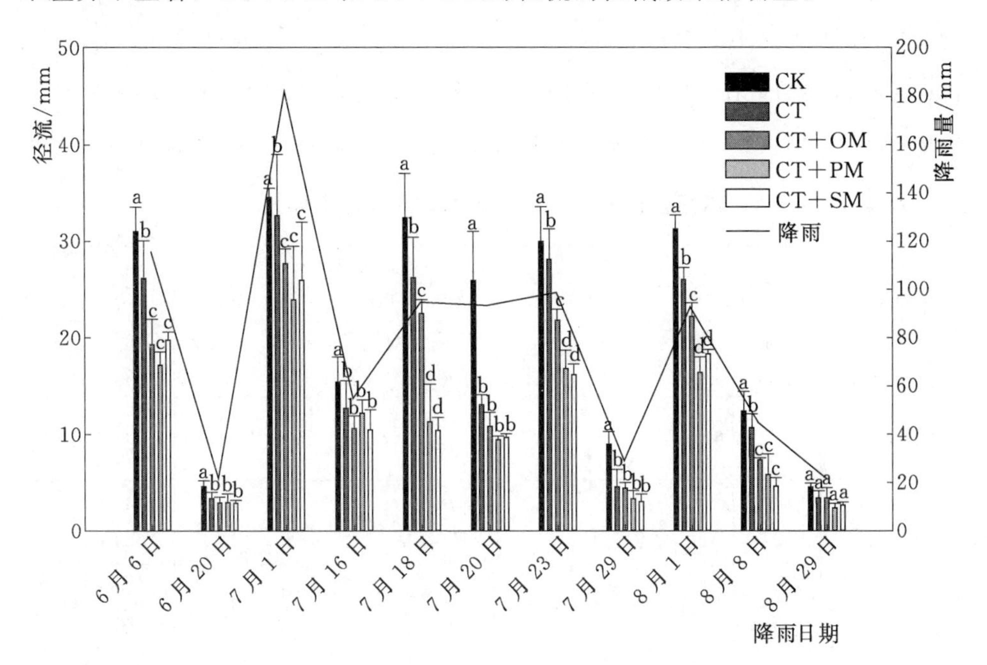

图4.1　侵蚀性降雨条件下不同处理坡耕地径流量

注：短线表示标准误差。

与CK相比，不同横坡垄作农业措施历次降雨的径流量均有减少，CT、CT＋OM、CT＋PM、CT＋SM削减径流幅度分别为5.33%～27.78%、19.76%～33.44%、21.27%～39.81%、24.86%～39.37%（图4.1）。CT、CT＋OM年径流量较CK分别减少了15%和26%，径流系数变幅分别在14.82%～27.99%、13.72%～23.91%；CT＋SM、CT＋PM年径流量分别是136.60mm和138.20mm，较CK分别减少了36%和35%，径流系数变幅分别在12.18%～22.51%、12.33%～19.77%（表4.1）。在同一次降雨过程中，横坡垄作及增加地面覆盖减小了径流曲线数，但与CK相比并没有显著差异。在单次降雨事件中，降雨量比农业措施对径流曲线数的影响更大。在6月5—6日连续降雨达到116mm时，顺坡垄作*CN*值为62.67，各个横坡处理的*CN*值为54.43～59.56；6月29—30日连续降雨达到162.7mm时，CK处理的*CN*值为50.15，各个横坡处理的*CN*值为44.62～49.23。7月18

日、7月20日、7月23日、8月1日的4次降雨量在92.90～98.50mm时，CK的径流曲线数在64.17～71.23，横坡垄作不同处理的径流曲线数在57.39～71.23。在6月20日、7月16日、7月29日、8月8日、8月29日的5次降雨过程中单次降雨量在20.90～54.10mm的径流曲线数也增大，CK的*CN*值变化幅度为79.21～88.96，横坡垄作不同处理的*CN*值为73.96～86.88。

表4.1　　不同耕作下坡耕地产流系数和径流曲线数

降雨事件（年-月-日）	径流系数*CN*值									
	CK		CT		CT+OM		CT+PM		CT+SM	
	产流系数	径流曲线数	产流系数	径流曲线数	产流系数	径流曲线数	产流系数	径流曲线数	产流系数	径流曲线数
2013-06-06	26.73±2.18a	62.67	22.55±3.35b	59.56	17.79±2.07c	55.74	16.26±0.88c	54.43	17.02±0.72c	55.08
2013-06-20	22.10±2.97a	88.96	16.24±2.88b	86.88	16.26±2.54b	86.89	14.07±4.38c	85.97	13.92±1.54c	85.90
2013-07-01	18.89±0.53a	45.35	17.89±3.47ab	44.51	15.16±0.84b	42.17	13.10±3.04b	40.33	14.20±3.30b	41.32
2013-07-16	28.59±4.68a	79.21	23.49±5.32b	76.49	22.15±0.94b	75.71	22.51±2.54b	75.93	19.29±3.94c	73.96
2013-07-18	30.13±1.18a	69.56	25.65±0.99b	66.59	23.83±1.44b	65.31	19.01±1.71c	61.70	19.50±0.90c	62.08
2013-07-20	20.24±1.82a	64.17	14.82±1.18b	59.79	13.72±2.20b	58.82	12.18±1.40b	57.39	12.44±1.44b	57.64
2013-07-23	28.35±1.16a	67.50	24.47±0.41b	64.83	22.14±1.10b	63.12	17.70±0.96c	59.65	17.82±1.34c	59.75
2013-07-29	22.03±0.33a	85.45	15.90±1.01b	82.71	15.35±2.12b	82.43	13.96±2.73c	81.68	13.34±0.95c	81.34
2013-08-01	32.23±0.96a	71.23	27.99±1.42b	68.53	23.91±1.47c	65.76	19.74±0.56d	62.67	19.77±0.42d	62.69
2013-08-08	26.56±3.19a	81.42	23.98±3.41b	80.18	17.20±0.75c	76.41	16.15±0.82c	75.74	16.42±1.78c	75.91
2013-08-29	20.24±1.83a	87.72	15.32±3.47b	85.79	15.13±5.11b	85.71	13.67±3.25bc	85.04	12.33±0.89c	84.38

注　同行不同字母表示差异显著（$p<0.05$）。

2. 不同农业措施对坡耕地产沙量的影响

尽管农业措施有影响，但侵蚀产沙量随降雨量的变化却表现出了相似的趋势，即在一定降雨量和农业措施处理下，产沙量随着降雨量的增加而增加，并渐渐达到一个稳定值；CK 条件下，这种趋于稳定的趋势最快。地膜覆盖和秸秆覆盖措施进一步提高地表覆盖度，大幅度减少径流的产生，从而达到控制坡耕地水土流失的效果。对比各处理间产沙情况，CK 的产沙量最高，与其他各处理存在显著差异，横坡垄作各处理拦截泥沙的作用十分明显。与 CK 相比，横坡垄作泥沙量减少了 12%～61%，增施有机肥后泥沙量减少了 25%～70%，增加覆盖地膜后泥沙量减少了 38%～70%，增加覆盖秸秆后泥沙量则减少了 46%～75%。秸秆有很强吸持水分的能力，地表覆盖可有效地防止雨滴击溅，增加地表的糙率，阻延流速，降低水流的能量，减少径流冲刷，具有明显的拦截泥沙的效果。在 7 月 29 日降雨量为 28.6mm 时，有产流产沙现象发生，但产沙很小，CK 的含沙量为 59.34kg/m^3，横坡垄作各处理的含沙量为 25.45～32.34kg/m^3，与 CK 相比拦截泥沙量比率为 61%～68%。在 8 月 8 日降雨量为 44.2mm 时，CK 含沙量达到 223.03kg/m^3，横坡垄作各处理的含沙量为 112.80～207.54kg/m^3，与 CK 相比拦截泥沙量比率为 16%～69%。在降雨量 92.9～162.7mm 的历次降雨事件中，CK 含沙量在 283.24～409.36kg/m^3，横坡垄作各处理的含沙量为 141.81～380.46kg/m^3，与 CK 相比横坡垄作拦截泥沙量比率为 12%～31%，横坡垄作同时增加秸秆覆盖拦截泥沙的效果最好，削减泥沙含量 46%～75%。不同处理含沙量随降雨量的关系用对数曲线拟合效果更好，拟合函数的确定系数为 0.85～0.91，除了横坡增施有机肥 $p<0.05$ 之外，其他各处理 p 都小于 0.01（图 4.2）。

3. 降雨径流及农业措施对土壤可蚀性指标的综合影响

坡面产流过程及农业措施对土壤可蚀性具有明显影响，历次降雨横坡各处理土壤可蚀性指标明显低于 CK。CK 的土壤可蚀性最高，K_w 值为 0.022～0.041kg/(m^2 · mm)，均值为 0.029kg/(m^2 · mm)；其次是 CT 和 CT+OM，K_w 分别为 0.021～0.038kg/(m^2 · mm) 和 0.020～0.038kg/(m^2 · mm)，均值分别为 0.025kg/(m^2 · mm) 和 0.023kg/(m^2 · mm)，与 CK 相

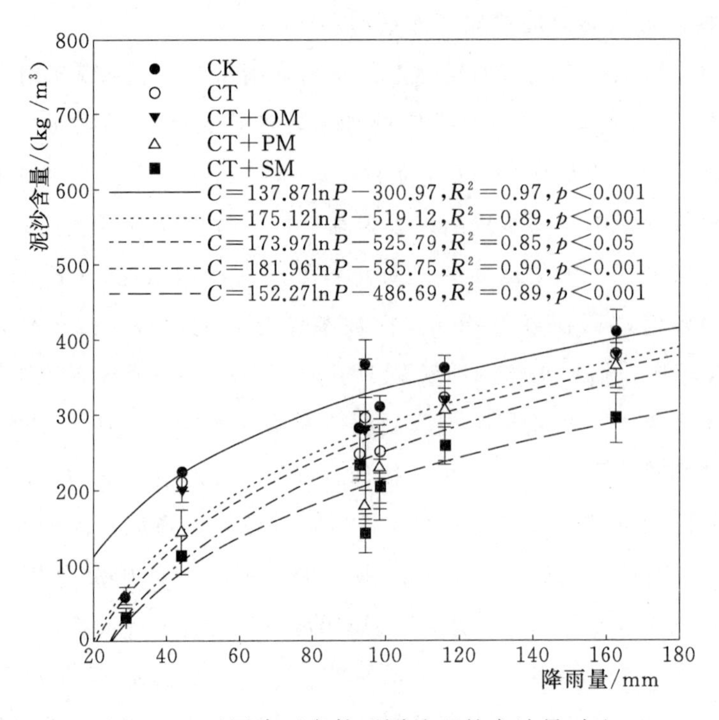

图 4.2　不同降雨事件不同处理的产沙量对比

比土壤可蚀性平均值分别减小 17%和 24%；CT+PM 和 CT+SM 的可蚀性最小，K_w 值分别为 0.014～0.036kg/(m^2·mm) 和 0.011～0.030kg/(m^2·mm)，均值分别为 0.021kg/(m^2·mm) 和 0.018kg/(m^2·mm)，与 CK 相比平均分别减小 29%和 38%（图 4.3）。

由表 4.2 可知，土壤可蚀性指标随径流量增加呈增加趋势，但随着径流量的增加土壤可蚀性增加的幅度减小。各处理土壤可蚀性与地表径流量之间呈幂函数递增关系，除了 CT+OM 的确定系数 R^2 为 0.70（$p<0.05$）外，其他各处理的 R^2 为 0.84～0.87（$p<0.05$）。7 月 29 日降雨量为 28.6mm 时，坡面产流及产沙很少，CK 计算得到 K_w 值为 0.006kg/(m^2·mm)，横坡各处理得到 K_w 均小于 0.003kg/(m^2·mm)，与其他次降雨事件所得结果差异太大，在进一步分析时均剔除了这组数据。本研究表明土壤可蚀性与降雨量呈对数曲线关系，不同处理下对数拟合函数的确定系数 R^2 为 0.85～0.91（$p<0.05$）。

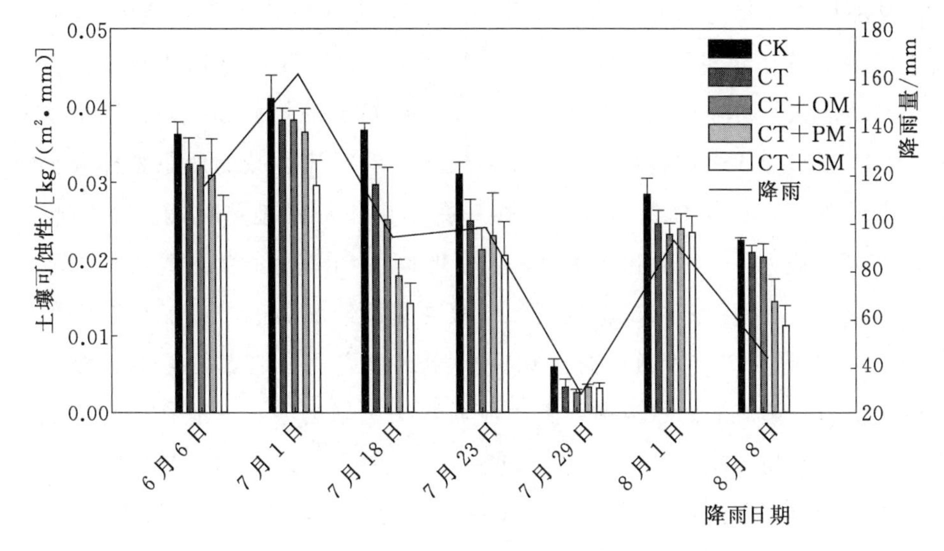

图 4.3　不同农业措施处理下的土壤可蚀性

表 4.2　　降雨径流与农业措施对的土壤可蚀性的综合影响

处理	土壤可蚀性指标 K_w /[kg/(m² · mm)]	与径流量的关系			与降雨量的关系		
		拟合函数	R^2	p	拟合函数	R^2	p
CK	0.029±0.002a	$K_w=0.0025Q^{0.767}$	0.84	<0.05	$K_w=0.019\ln P-0.054$	0.91	<0.05
CT	0.025±0.002b	$K_w=0.0023Q^{0.789}$	0.86	<0.05	$K_w=0.018\ln P-0.052$	0.89	<0.05
CT+OM	0.023±0.002b	$K_w=0.0027Q^{0.755}$	0.70	<0.05	$K_w=0.017\ln P-0.052$	0.85	<0.05
CT+PM	0.021±0.003c	$K_w=0.001Q^{1.072}$	0.84	<0.05	$K_w=0.017\ln P-0.055$	0.90	<0.05
CT+SM	0.018±0.003c	$K_w=0.001Q^{0.945}$	0.86	<0.05	$K_w=0.015\ln P-0.045$	0.88	<0.05

4. 对地表径流中氮素和磷素流失影响

不同处理之间地表径流中氮素累计流失量存在显著性差异，而对地表径流中磷素流失的影响未达显著水平。与传统顺坡种植相比，横坡种植可以减少氮素流失量 24.91%～55.61%，不同处理之间地表径流中氮素流失量表现为 T1＞T2＞T3＞T4＞T5，其中，横坡种植与地膜覆盖或者秸秆覆盖相结合可以明显降低地表径流中氮素流失量。

从不同农业措施来看，横坡垄作对径流的拦截效果优于顺坡传统耕作，由于横垄沿等高线布设，横坡耕作通过垄的层层拦蓄从而起到减少径流作用，而增加地膜覆盖或秸秆覆盖增强了对坡面径流的拦截和分散。在历次降雨中，横坡垄作并增加地膜覆盖和麦秸覆盖，对径流削减的效果整体要显著高于横坡垄作，这与林超文等（2010）在紫色土坡耕地研究得到的结果一致，但本研究秸秆覆盖和地膜覆盖处理间并无持续性显著差异。Won等（2012）通过模拟降雨试验发现，地表覆盖能够显著削减径流量和土壤流失量；Vega等（2014）通过野外田间监测试验表明，地表覆盖能够显著削减径流量和土壤流失。径流曲线数由流域水文土壤类型、土地利用或覆盖措施、水文条件和前期土壤湿度综合确定，变化在0～100。本试验结果表明，不同农业措施下径流曲线数均随降雨量增大而减小，这与周淑梅等（2011）的研究结果一致，不同地表覆盖措施增加了最大蓄水能力，从而减小了径流曲线数。Fan等（2014）研究表明，地表覆盖措施增加了土壤蓄水能力；游来勇等（2015）研究表明，秸秆还田可以改善土壤的物理特征和生物化学特征，显著提高作物的生物量，利于土壤蓄水保墒。大降雨事件通常历时长，降雨到达地面并持续下渗到土层深处，使坡耕地最大蓄水能力增大，径流曲线数值减小。本试验径流曲线计算采用同一初损系数为0.2，结果表明，用单一的初损系数值，径流曲线数的变异值很大。Shi等（2009）采用事件分析法率定中国南方三峡库区王家沟小流域初损率，发现流域初损率平均值为0.053，推荐流域初损率取0.05。陈正维等（2014）研究坡度对径流曲线影响时，提出紫色土坡度6.5°～25°对应的径流曲线数值为78.23～79.47，初损系数0.2适用于紫色土坡地小降雨事件的产流模拟，在强降雨条件下初损系数为0.3时模型模拟效果更好。不同区域或同一区域不同研究结果得到的曲线系数值差异较大，所以在利用降雨-径流关系式进行紫色土区小流域水文模拟时，要综合考虑降雨量、坡度和农业方式对径流曲线数值的影响。

降雨径流剥蚀土壤和输移泥沙，由于剥蚀作用，坡面径流中含沙量增加。紫色土丘陵区降雨强度大，初始产流时间较短，因此坡面径流侵蚀作用占主导地位。随着径流中含沙量的增加，用于搬运泥沙消耗的能量增大，反过来用于剥蚀土壤的能量减小。流量和坡度通过影响径流速度和含沙量，共

同决定了土壤流失量的多少。地膜覆盖和秸秆覆盖措施进一步提高地表覆盖度，大幅度减少径流的产生，从而达到控制坡耕地水土流失的效果。对比本研究各处理间产沙情况，顺坡耕作的产沙量最高，与其他各处理存在显著差异，横坡垄作各处理拦截泥沙的作用十分明显。秸秆有较强的吸持水分能力，地表覆盖可有效地防止雨滴击溅，增加地表的糙率，阻延流速，降低水流能量，减少径流冲刷，具有明显的拦截泥沙效果。闫建梅等（2014）研究发现，紫色土区横坡垄作均能有效降低坡面产流产沙，年降雨量与年产流产沙量均呈幂函数关系。本研究中，不同处理含沙量随降雨量的关系用对数曲线拟合效果更好，对数曲线拟合从物理意义上更符合降雨量对产沙过程的影响，即在一定降雨量和农业措施处理下，产沙量随着降雨量的增加而增加，但增加的幅度越来越小，且渐进一个稳定值。

土壤可蚀性从概念上能够综合反映土壤对侵蚀介质剥蚀和搬运的敏感程度，是评估土壤流失和实施保护性农业措施的重要指标，与土壤内在属性紧密相关，受暴雨事件和外部侵蚀应力的影响。降雨条件下，坡面土壤侵蚀的主要方式包括雨滴击溅作用和坡面径流侵蚀。与无地表覆盖相比，作物秸秆或地膜覆盖显著减少了径流量和土壤流失量，主要原因可能是作物秸秆或地膜覆盖增加了土壤团聚体稳定性和微生物量，减少了土壤可蚀性，从而削减了地表径流和土壤流失量。土地利用和农业措施因显著影响土壤属性，从而显著影响土壤可蚀性。由于地表裸露，雨滴打击增加了土壤表面的紧实度，使得土壤可蚀性增加，无地表覆盖导致径流量和土壤流失显著增加。土壤可蚀性指标随径流量增加呈增加趋势，但随着径流量的增加，土壤可蚀性增加的幅度减小。土壤可蚀性是抵抗侵蚀能力的倒数，土壤可蚀性指标越大，土壤抵抗侵蚀的能力越弱，因而坡面径流和泥沙流失率越大。坡面径流是坡耕地土壤颗粒被剥蚀的主要动力，土壤中易溶物质被水溶解悬浮于水流之中，一部分土粒或粒状结构完全分散，分散的土粒脱离地表随径流开始移动，不同农业措施影响坡面径流对土壤可蚀性的作用程度。Giménez 等（2008）的研究证实了秸秆残茬覆盖会显著削减径流水力特征和径流侵蚀力，从而减小土壤的可蚀性。Borselli 等（2012）研究表明，气候尤其是降雨条件会显著影响土壤的可蚀性。本研究表明，土壤可蚀性与降雨量呈对数曲线关系，也就说土壤可蚀性随径流量的增大而增加，但增加率随降雨量的增加而减小，因而降雨量对土壤可蚀性的影响是有限的。降雨引起的坡面径流受雨强大小和农业措施的影响，并对土壤可蚀性有重要影响。以单位面积单位径流深的冲刷侵蚀量作为描述土壤抗冲性指标，既反映了径流冲刷动力因子的作用，也揭示了土壤本身抵抗径流冲刷的能力。

紫色土坡耕地水土及养分流失控制田间定位试验

紫色土坡耕地水土及养分流失控制田间定位试验

横坡垄作的同时增加地膜覆盖或秸秆覆盖，可以显著削减坡耕地径流量和产沙量，与顺坡垄作相比，年径流量减少15％～35％，泥沙量减少12％～75％；横坡垄作并增加地面覆盖减小了径流曲线数，但与顺坡垄作相比无显著差异。土壤可蚀性指标随径流量增加呈增加趋势，但随着径流量的增加土壤可蚀性增加的幅度减小。各处理土壤可蚀性与地表径流量之间呈幂函数递增关系（R^2＝0.70～0.87，p＜0.05），土壤可蚀性与降雨量呈对数曲线关系（R^2＝0.85～0.91，p＜0.05）；历次降雨条件下，横坡垄作各处理土壤可蚀性指标明显低于顺坡垄作，均值为0.018～0.025kg/(m^2·mm)，与顺坡垄作相比减小17％～38％。综上，横坡垄作增加地膜覆盖或秸秆覆盖，是控制紫色土坡耕地地表径流、降低土壤可蚀性的有效措施。

第二节　坡耕地秸秆覆盖填施有机质用养结合的增效减负技术

针对高垦殖紫色土坡耕地土壤瘠薄，水肥保蓄能力弱的问题，研究提出了旱坡地秸秆覆盖＋有机质输入为核心的耕地用养结合高效管理措施。

为了研究提出旱坡地秸秆覆盖＋有机质输入为核心的耕地用养结合高效管理措施，在四川省德阳市中江仓山镇响滩村，开展野外径流监测场田间定位试验。以紫色土坡耕地为研究对象开展野外径流小区定位监测试验，设置有机质处理（OM）、秸秆覆盖（SW）、有机质＋秸秆覆盖（OM＋SW）和对照（无秸秆覆盖和不增施有机质，CK）4个处理，对2014—2015年侵蚀性降雨条件下不同处理小区径流及产沙特征进行分析，以单位径流冲刷侵蚀量（K_w）作为描述土壤可蚀性的指标，研究四川省中江县紫色土区秸秆覆盖和有机质输入对坡耕地土壤可蚀性的影响。秸秆还田处理秸秆进行全量还田，上一季小麦收获后秸秆覆盖于玉米种植带，玉米收获后，其秸秆覆盖行间；秸秆还田＋有机肥处理施入有机肥后进行秸秆覆盖。小区面积20m×3m，坡度为10°。4月初直播玉米，每2m厢面中央种植2行玉米，行距40cm，株距20cm。磷、钾肥作基肥一次性施入，氮肥分别于播种期、六叶展和十叶展时期按照总施肥量2∶3∶5施用，其他管理措施与大田高产栽培一致。在玉米全生育期内（4—10 月），记录每次引起试验区产生径流的侵蚀性降雨数据和小区产流产沙情况。

建立了 12 个径流小区以收集自然降水事件下的地表径流和泥沙。每个径流小区为 60m²，试验小区长度为 30m，宽度为 2m。各试验小区之间采用高度为 100cm 白铁皮进行隔离，其中 80cm 白铁皮埋入土壤，20cm 白铁皮出露于地表，用于试验外田块以及试验小区之间的水分隔离。每个径流小区下坡尾端配置径流收集池，每个径流收集池体积为 2m×1.5m×1m，径流收集池均加配防雨设施，避免降雨对径流的影响。试验区病虫草害防治及其他田间管理参照大面积生产规范。

对 2014 年 1 月至 2015 年 12 月的所有降水事件进行了观测，而地表径流事件主要发生在降雨比较集中的 6—9 月观测到。因此，根据 2014 年和 2015 年 6—9 月的降水事件，进行了降雨样品和地表径流采样。降雨产流后，每个径流小区分别记录集雨池径流量后，先用清洁工具（如竹竿、木板）充分搅匀径流池中的径流泥水样，然后利用清洁容器，在每个径流池中部取 300mL 泥水样 2 个。其中，1 个样品带回实验室，用定量滤纸（经过烘干、称重）过滤后烘干称重，用差减法测定泥水样中的泥沙含量。另外 1 个泥水样样品带回实验室，加浓硫酸 1 滴调节 pH 值，及时测定或冰冻保存，测定径流泥水样中的全氮、全磷、可溶性氮、可溶性磷、铵态氮、硝态氮含量，根据径流量和泥沙量分别计算不同形态氮磷养分流失总量。每次降雨后，将降雨的雨水样品分装到 2 个样品瓶（标记采样信息）中，水量充足时，每瓶水样不少于 500mL，样品较少时，采用多次收集。其中一个供分析测试，另一个备用。样品采集后，及时送检或加浓硫酸 1 滴并低温冰冻保存，测定全氮、全磷、铵态氮、硝态氮。

利用径流量和小区面积计算径流深度，用以下的公式确定径流系数并按百分比表示（Ngetich et al.，2014）：

$$RC=\frac{Q}{P}$$

式中 P ——降雨深度，mm；

Q ——径流深度，mm。

对日径流量和日降水量进行了综合评价，得到了每个径流小区每次降水事件的曲线数（CN），并平均计算出受一次降水事件前的平均土壤湿度或前期水分状况影响的处理的指示性 CN。以下公式被用于求导出 CN（Zhou & Lei，2011）：

$$Q=\frac{(P-I_a)^2}{(P-I_a)+S}$$

$$S=5(P+2Q-\sqrt{4Q^2+5PQ})$$

$$CN=\frac{25400}{254+S}$$

式中　CN ——曲线数值，无量纲；

P ——每次降雨事件和每次降水事件的降雨深度，mm；

Q ——每次降雨事件的径流深度，mm；

S ——潜在集蓄参数，mm；

I_a ——初损值，mm，预期估计值为 0.2S。

为了评估农业措施处理下地表径流中可溶性磷流失的可控性，我们计算了所有降雨事件下每个小区地表径流中不同类型磷素的流失量。对于每次降水事件，磷素流失通过每次降水事件下增加的地表径流量和磷素浓度而检测到。暴雨事件下全磷、可溶性磷和颗粒磷的年流失量计算公式如下：

$$Q=\sum_{i=1}^{n}C_i q_i$$

式中　C_i ——地表径流中全磷、可溶性磷和颗粒磷的浓度，mg/L；

q_i ——径流量（L/hm^2）（$i=1-n$，为试验期间降雨事件的数量）。

采用单因素方差分析（ANOVA）检验进行每次降雨事件下不同处理的径流深度、泥沙、全磷、可溶性磷和颗粒磷变化用 Fisher 的最小显著性差异法进行多重比较检验。结果以平均值±平均值的标准误差表示。地表径流深度与全磷、可溶性磷和颗粒磷流失变化之间的关系采用线性回归分析拟合，并根据调整最小二乘回归选择了最佳拟合曲线。采用皮尔森相关法研究降水总和、径流深度、CN、悬浮泥沙与地表径流磷流失之间的关系。

1. 秸秆覆盖和有机质输入对坡耕地产流特性的影响

由表4.3可见，研究区6月10日至10月29日共发生10次引起产流的侵蚀性降雨，单次降雨量在25.50～101.90mm，其中40mm以上的降雨出现的频数最多，占总降雨次数的70%，9月11—12日降雨量最大，达101.90mm。各处理径流深度随着降雨变化出现明显的波动，降雨量越高，径流深度越大。在所记录的10次降雨中，各处理次降雨产生的径流深度最小为3mm，最大为30mm，集中分布在5～25mm，其中5～10mm出现的次数最多，占总次数的40%；径流系数最小值为0.10，最大值为0.48，极差为0.38。径流深度和径流系数不仅与各处理表面的产流特性有关，也与降雨量大小关系密切。

表4.3　2014年试验区降雨量和各处理径流特性

降雨时间	降雨量/mm	处理	径流深度/mm	径流系数
6月10—17日	74.20	CK	29.87a	0.40a
		OM	27.04b	0.36b
		SW	19.59c	0.26c
		OM+SW	19.11c	0.26c
7月20日	36.50	CK	17.67a	0.48a
		OM	16.41a	0.45a
		SW	12.55b	0.34b
		OM+SW	11.90b	0.33b
7月24日	43.10	CK	7.08a	0.16a
		OM	6.66a	0.16a
		SW	5.49b	0.13b
		OM+SW	5.37b	0.12b
8月10日	70.70	CK	10.29a	0.15a
		OM	9.75a	0.14a
		SW	9.14a	0.13a
		OM+SW	8.05a	0.11a

续表

降雨时间	降雨量/mm	处理	径流深度/mm	径流系数
8月27日	54.30	CK	22.32a	0.41a
		OM	14.71ab	0.27ab
		SW	9.81b	0.18b
		OM+SW	5.39b	0.10b
9月2日	33.30	CK	14.54a	0.44a
		OM	9.43b	0.28b
		SW	7.94b	0.24b
		OM+SW	3.33b	0.10b
9月11—12日	101.90	CK	29.59a	0.29a
		OM	23.26ab	0.23ab
		SW	20.23b	0.20b
		OM+SW	15.31b	0.15b
9月21日	46.60	CK	18.34a	0.39a
		OM	14.75b	0.32b
		SW	13.03ab	0.28ab
		OM+SW	7.52b	0.16b
10月1日	25.50	CK	7.47a	0.29a
		OM	5.42b	0.21b
		SW	4.41b	0.17b
		OM+SW	4.84b	0.19b
10月29日	54.10	CK	11.96a	0.22a
		OM	10.12b	0.19b
		SW	9.24c	0.17c
		OM+SW	6.83d	0.13d

注 小写字母表示在0.05水平上的差异显著性。

为了剔除降雨量的影响，进一步分析比较同次降雨后不同处理的径流深和径流系数可知，10 次降雨后（不论雨量大小）对照组（CK）的径流深和径流系数均最大，其径流深为 7.08～29.87mm，径流系数为 0.15～0.48，径流深和径流系数平均分别为 16.91mm、0.32。

其次为有机质（OM）处理，其径流深为 5.42～27.04mm，径流系数在 0.14～0.45，径流深和径流系数平均分别为 13.75mm、0.26，分别比 CK 降低 18.68%和 19.66%，且差异达到显著水平（$p<0.05$）。秸秆覆盖（SW）处理产流情况排第 3，10 次降雨后径流深为 4.41～20.23mm，径流系数为 0.17～0.34，平均分别为 11.14mm、0.21，分别比 CK 降低 34.11%和 35.05%，差异达到显著水平（$p<0.05$）。产流最少的为有机质＋秸秆覆盖处理（OM＋SW），10 次降雨后径流深为 3.33～19.11mm，径流系数为 0.10～0.33，径流深和径流系数平均分别为 8.77mm、0.17，分别比 CK 降低 48.18%和 49.14%，且差异也达显著水平（$p<0.05$）。可见，秸秆覆盖或有机质输入均能有效减少坡耕地表面的产流量和径流系数，两者结合后减流效果更佳。此外，对 OM、SW、OM＋SW 这 3 个处理间径流深度差异的分析表明，除 10 月 29 日径流深度差异达到显著水平外（$p<0.05$），其他处理间差异均不显著。这可能是有机质输入时间较短，未能完全分解，对土壤结构影响较小的缘故。

2. 秸秆覆盖和有机质输入对坡耕地产沙量的影响

由图 4.4 所示，各处理产沙量随时间推移均呈先高后低的变化趋势。7 月 20 日、7 月 24 日、8 月 10 日、8 月 27 日 4 次降雨后产沙量均在 1000kg/hm^2 以上，且各处理产生泥沙量均显著高于其他次降雨。产沙量在 500kg/hm^2 以下的降雨共出现 6 次，占总产沙次数的 60%。对比 10 次降雨后各处理的产沙情况可以发现，对照处理（CK）产沙量在 47.63～4249.86kg/hm^2，平均 1210.67kg/hm^2；其次为有机质（OM）处理，产沙量在 22.00～2737.30kg/hm^2，平均 787.74kg/hm^2，比 CK 降低 34.93%；秸秆覆盖处理（SW）产沙情况排第 3，产沙量在 11.91～2103.4kg/hm^2，平均 620.09kg/hm^2，比 CK 降低 48.78%；产沙量最小的是有机质＋秸秆覆盖处理（OM+SW），产沙量在 12.04～1828kg/hm^2，平均 517.29kg/hm^2，比

CK 降低 57.27%。与 CK 相比，各处理均能有效降低试验区坡耕地产沙量，除第一次降雨外（6 月 10—17 日），差异均达到显著水平（$p<0.05$）。

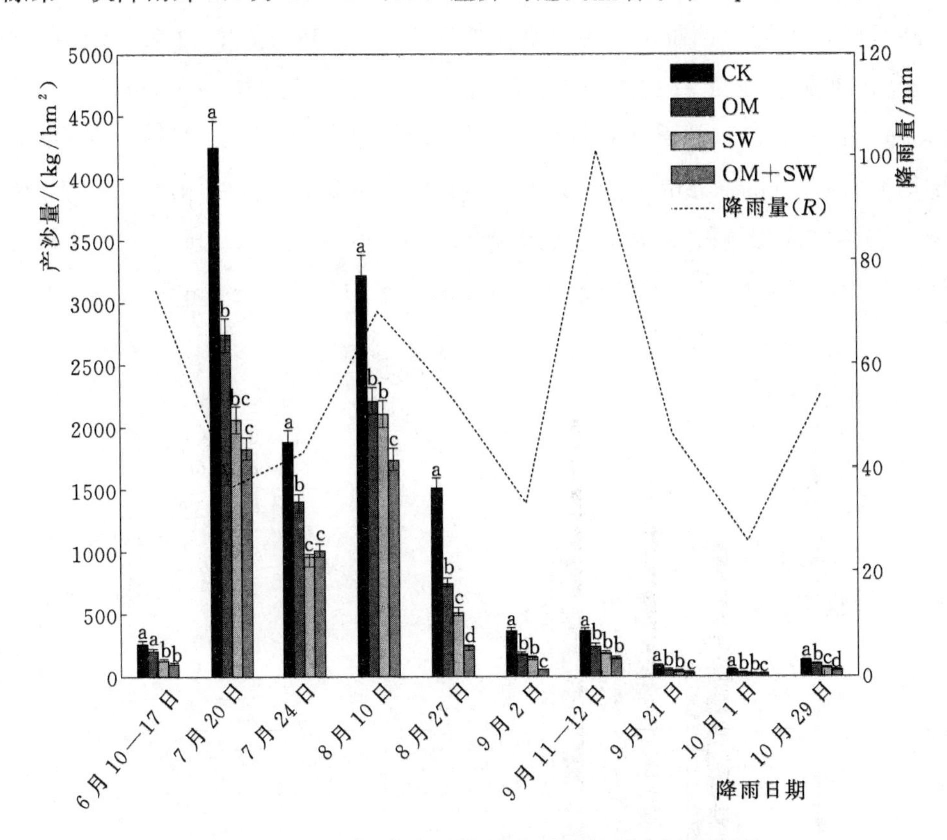

图 4.4　2014 年试验区降雨后不同处理产沙量对比

注 1：小写字母表示处理间在 $p<0.05$ 水平上的差异显著性。

注 2：短线表示标准误差。

此外，有机质与秸秆同时施入在减小产沙方面的贡献率分别比单施入有机质或秸秆高 28.1%和 12.0%。表明秸秆和有机质同时施入能够明显降低泥沙产量。

3. 秸秆覆盖和有机质输入对坡耕地地表径流可蚀性的影响

由图 4.5 所示，单位径流冲刷侵蚀量随时间推移呈先增加后减小的趋势。侵蚀量大的月份分布在 7 月和 8 月，土壤可蚀性指标 K_w 值分布在 0.24～31.29g/(m^2 · mm) 区间，期间可蚀性指标 K_w 小于 10g/(m^2 · mm)

的频数最多，占总次数的70%。对比不同处理间侵蚀量差异可知，有机质处理（OM）、秸秆覆盖处理（SW）、有机质＋秸秆覆盖处理（OM＋SW）的单位径流冲刷侵蚀量（K_w）均明显低于对照组CK（$p<0.05$）。CK的单位径流冲刷侵蚀量最高，其K_w值为0.41～31.29g/(m^2·mm)，平均为9.54g/(m^2·mm)；其次为OM处理，其K_w值为0.35～22.74g/(m^2·mm)，平均为7.07g/(m^2·mm)；SW处理的单位径流冲刷侵蚀量排第3，其K_w值为0.27～23.01g/(m^2·mm)，平均为6.64g/(m^2·mm)；OM＋SW处理最低，其K_w值为0.25～21.57g/(m^2·mm)，平均为6.40g/(m^2·mm)。

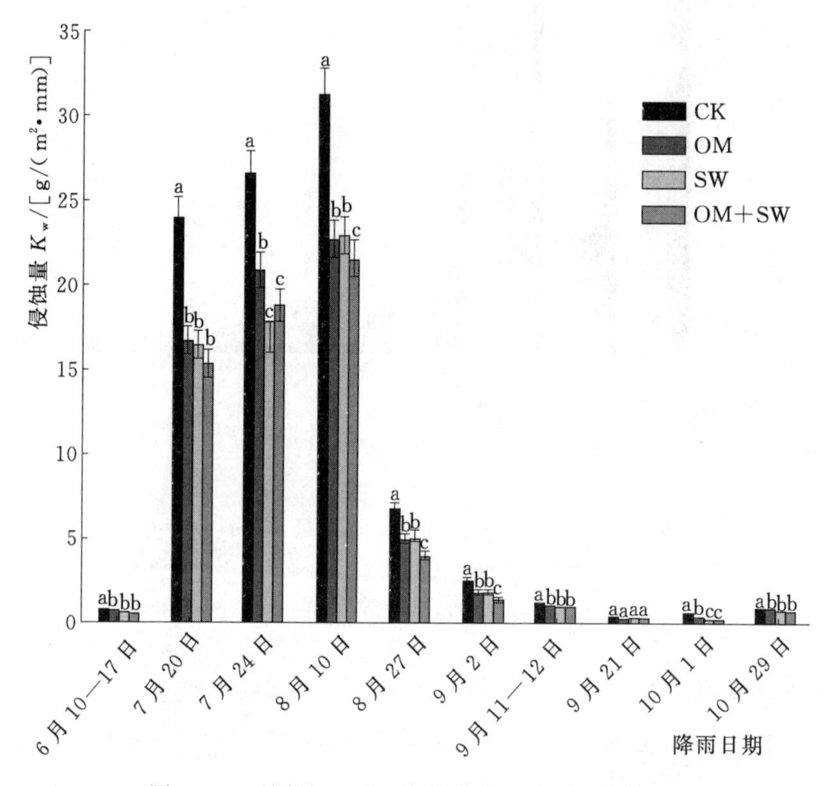

图4.5 不同处理下土壤的单位径流冲刷侵蚀量

与CK相比，有机质和秸秆覆盖均能降低试验区坡耕地土壤可蚀性，有机质处理（OM）、秸秆覆盖处理（SW）、有机质＋秸秆覆盖处理（OM＋SW）对土壤可蚀性的平均消减率分别为22.30%、29.76%和35.04%，除第8次降雨（9月21日）外，差异均达到显著水平。

4. 不同降雨事件下的不同形态氮素浓度

坡耕地地表径流中氮素养分的总流失量取决于径流量及其相关的养分浓度。研究表明径流中TN浓度CK处理的变幅为2.49～17.10mg/L，其中平均值为9.66mg/L，CK＋OM、CK＋SM和CK＋OM＋SM处理方式中TN浓度的变幅分别为1.90～15.05mg/L、2.29～14.75mg/L和2.47～13.59mg/L，平均值分别为8.48mg/L、8.02mg/L和8.00mg/L。

对径流中硝酸盐浓度分析表明，CK＋OM、CK＋SM和CK＋OM＋SM处理方式的径流中硝态氮浓度的变幅分别为0.12～6.89mg/L、0.22～5.74mg/L和0.14～6.61mg/L，平均值分别为1.80mg/L、1.72mg/L和1.61mg/L。

地表径流中铵态氮浓度在不同降雨事件下波动较大。CK、CK＋OM、CK＋SM和CK＋OM＋SM的径流中铵态氮浓度的变幅分别为0.33～3.74mg/L、0.33～2.61mg/L、0.25～2.08mg/L和0.22～1.50mg/L，平均值分别为1.80mg/L、0.90mg/L、0.81mg/L和0.77mg/L。

5. 不同降雨事件下的不同形态氮素流失量

结果表明，降雨量对径流中养分负荷的影响显著。每次暴雨事件期间不同处理方式的径流中总氮、硝态氮和铵态氮负荷变化显著。关于径流中的养分流失，CK的流失量大于CK＋OM＋SM，这可归因于CK的径流量较大。径流中TN负荷的变幅大体为0.38～3.82kg/hm^2，TN负荷的峰值出现在8月27日的降雨事件中。CK处理的TN、硝态氮的年径流负荷总量明显高于CK＋OM、CK＋SM和CK＋OM＋SM。CK、CK＋OM、CK＋SM和CK＋OM＋SM处理的地表径流中TN的年径流负荷总量分别为16.97kg/hm^2、11.45kg/hm^2、8.78kg/hm^{2}和6.34kg/hm^2，硝态氮的年径流负荷总量分别为3.50kg/hm^2、2.55kg/hm^2、2.15kg/hm^{2}和1.64kg/hm^2，NH_4^+－N的年径流负荷总量分别为2.52kg/hm^2、1.72kg/hm^2、1.30kg/hm^{2}和1.17kg/hm^2（图4.6）。

6. 地表径流中的磷素浓度变化

在物理上，全磷流失取决于径流及其相关的磷浓度。对照处理的地表径流中全磷浓度为0.26～2.67mg/L，平均值为0.95mg/L。CK＋OM、CK＋SM和CK＋OM＋SM处理的全磷浓度分别为0.15～1.96mg/L、0.13～1.73mg/L和0.12～1.61mg/L，平均值分别为0.81mg/L、0.75mg/L和

0.61mg/L。与2014年不同，2015年全磷浓度的峰值与实际降水或产流事件没有明显的相关性。

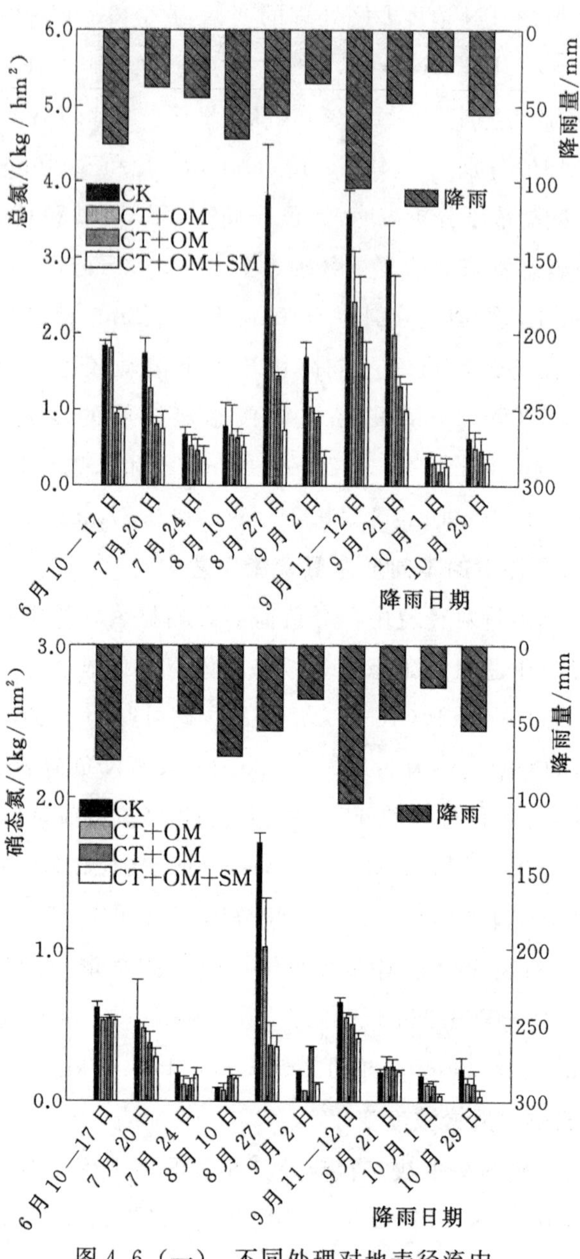

图4.6（一） 不同处理对地表径流中不同形态氮素流失量的影响

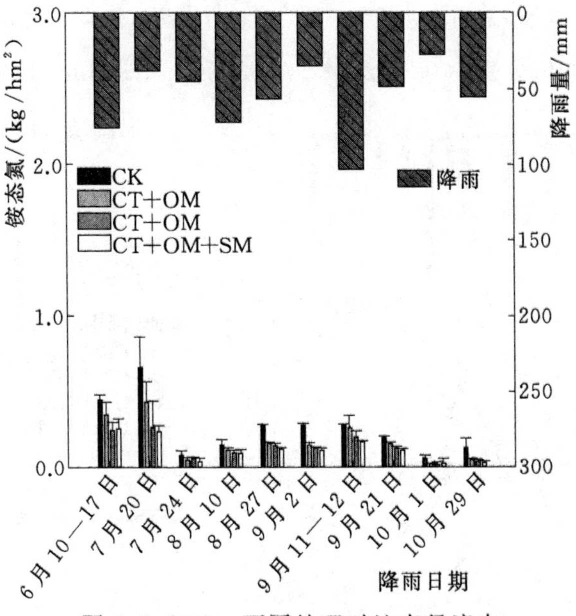

图 4.6（二） 不同处理对地表径流中
不同形态氮素流失量的影响

地表径流中的可溶性磷浓度大部分比较小，可溶性磷浓度的峰值与全磷浓度的峰值存在时间上的错位现象。各处理之间 CK 处理的可溶性磷浓度明显高于其余三个处理。2014 年，CK＋OM、CK＋SM 和 CK＋OM＋SM 处理的径流中可溶性磷浓度分别为 0.01～0.29mg/L、0.01～0.21mg/L 和 0.01～0.29mg/L，平均值分别为 0.12mg/L、0.11mg/L 和 0.10mg/L。2015 年 CK＋OM、CK＋SM 和 CK＋OM＋SM 的地表径流中可溶性磷浓度分别为 0.03～0.09mg/L、0.03～0.05mg/L 和 0.02～0.06mg/L，所有的平均值为 0.06mg/L（图 4.7）。

颗粒态磷的浓度在年度之间和处理之间均存在加到差异。2014 年不同降水事件下地表径流中颗粒磷浓度明显变化，但 2015 年各降雨事件中地表径流中颗粒磷浓度没有明显变化。不同处理之间，CK 处理地表径流中颗粒磷浓度为 0.21～2.29mg/L，高于其他处理。2014 年，CK＋OM、CK＋SM 和 CK＋OM＋SM 的颗粒磷浓度分别为 0.11～1.67mg/L、0.10～1.54mg/L 和 0.10～1.31mg/L，平均值分别为 0.68mg/L、0.64mg/L 和 0.51mg/L；2015 年，CK、CK＋OM、CK＋SM 和 CK＋OM＋SM 的径流中颗粒磷浓度分别为 0.29～0.64mg/L、0.19～0.51mg/L、0.19～0.42mg/L 和 0.12～0.30mg/L，平均值分别为 0.43mg/L、0.32mg/L、0.28mg/L 和 0.22mg/L。

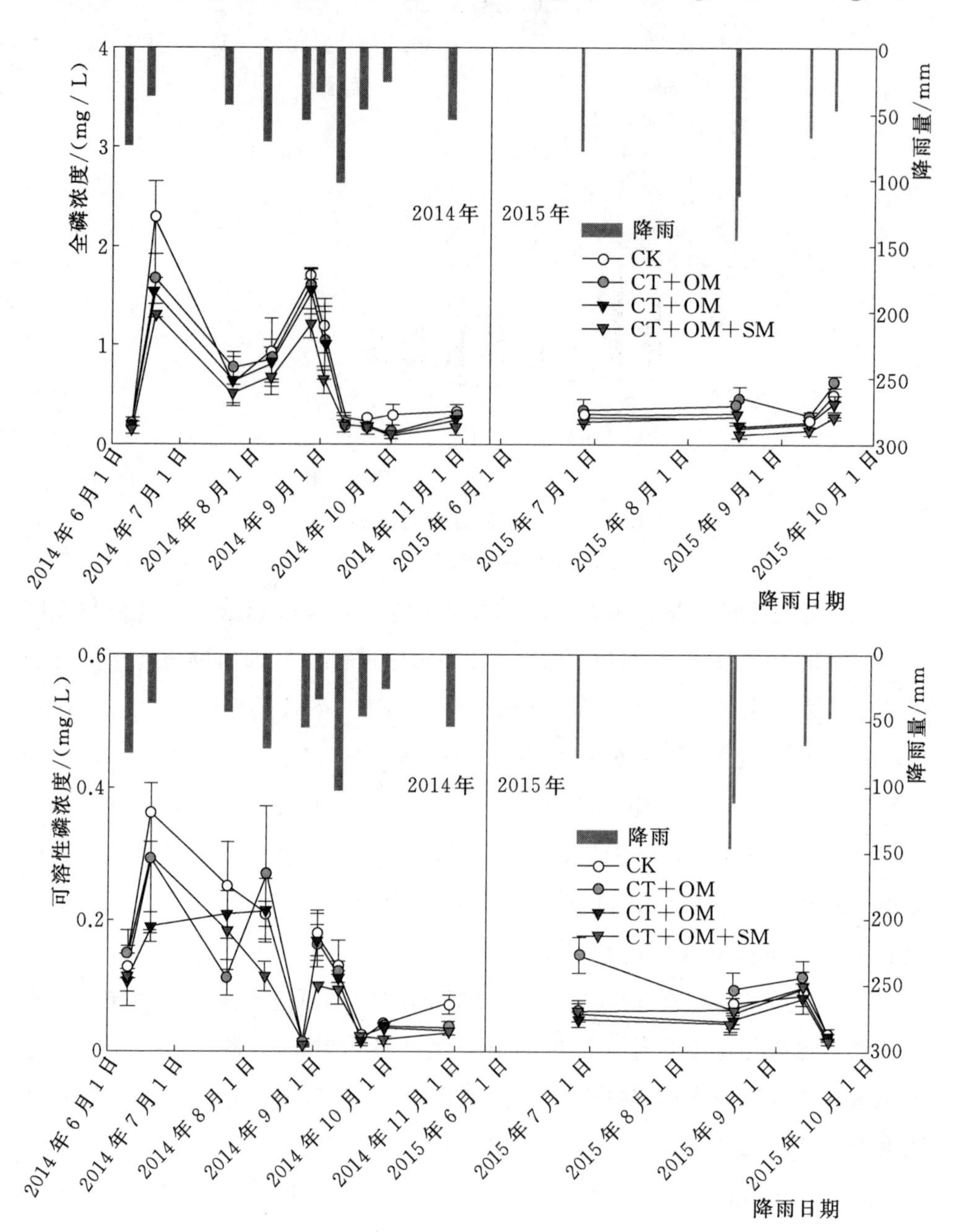

图 4.7（一） 地表径流中不同形态磷素浓度变化

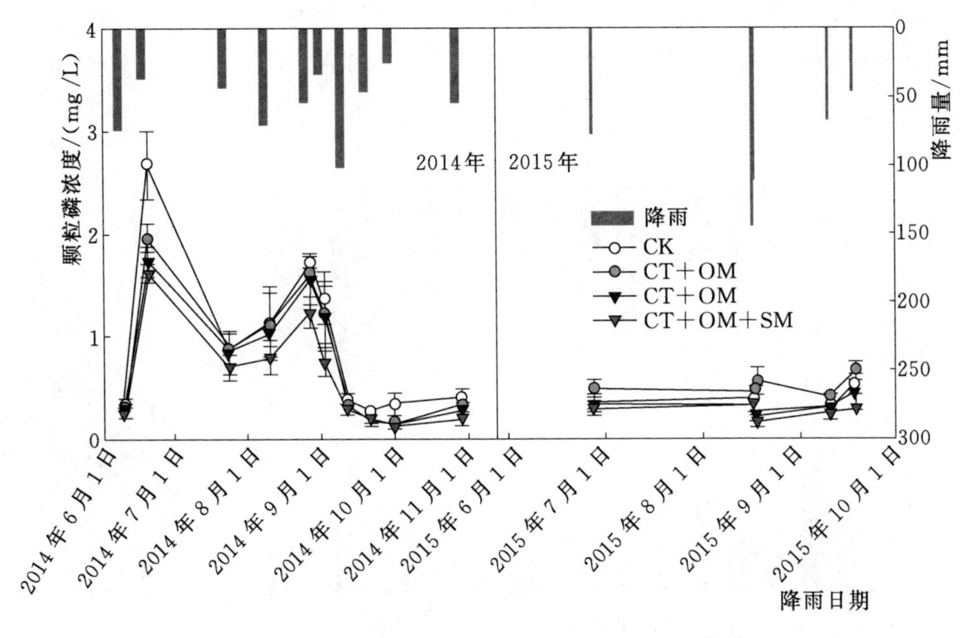

图 4.7（二） 地表径流中不同形态磷素浓度变化

7. 地表径流中的磷素流失量变化

全磷、可溶性磷和颗粒磷流失的峰值主要与强降雨和地表径流有关，因CK处理的地表径流量显著高于其余各处理，导致其径流中全磷径流流失量最大。地表径流中全磷径流流失量2014年为0.03～0.47kg/hm^2，在2015年为0.11～0.25kg/hm^2，全磷流失负荷的峰值分别出现在2014年7月20日和2015年8月17日。CK的全磷负荷的年测量值为1.56kg/hm^2，高于CT+OM、CT+SM和CT+OM+SM，它们的年测量值分别为1.07kg/hm^2、0.77kg/hm^{2}和0.51kg/hm^2（$p<0.05$）。CK的与地表径流相关的可溶性磷负荷的年测量值为0.23kg/hm^2，高于CT+OM、CT+SM和CT+OM+SM，它们的年测量值分别为0.18kg/hm^2、0.12kg/hm^{2}和0.099kg/hm^2（$p<0.05$）。CK地表径流中可溶性磷负荷在所有处理中最为显著，2014年为2.72～64.12g/hm^2，2015年为5.21～39.45g/hm^2。与径流相关的全磷负荷类似，4种处理的颗粒磷负荷呈现出显著性差异，CK、CT+OM、CT+SM和CT+OM+SM的年总量在2014年分别为1.33kg/hm^2、0.89kg/hm^2、0.65kg/hm^{2}和0.41kg/hm^2，在2015年分别为0.71kg/hm^2、0.53kg/hm^2、

0.39kg/hm² 和 0.24kg/hm²。全磷主要由颗粒磷结构组成。考虑到所有因素，颗粒磷流失相当于是全磷流失的一个广泛部分，所有处理在 2014 年约为 80%，在 2015 年约为 79%（图 4.8）。

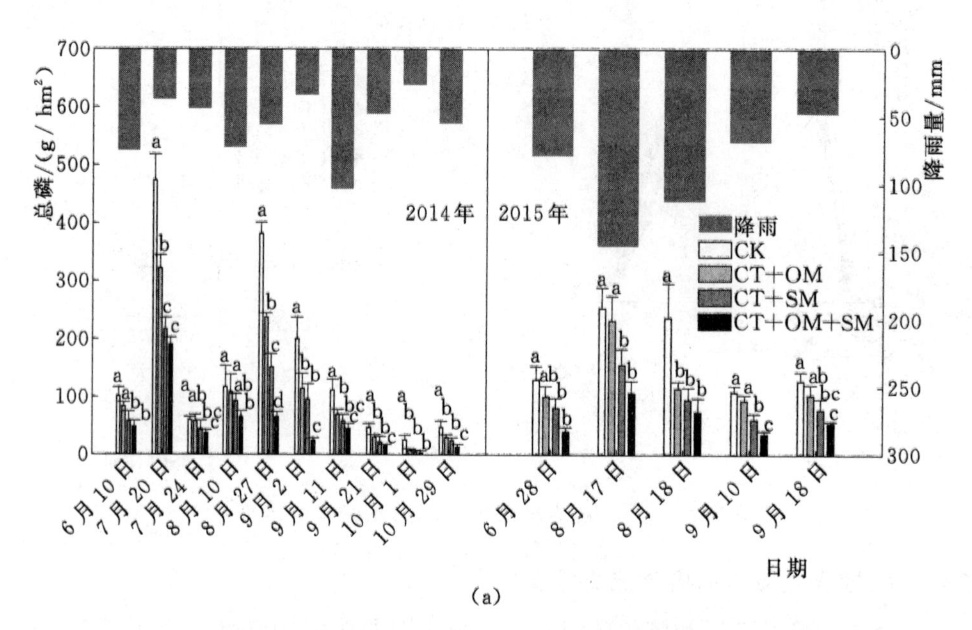

(a)

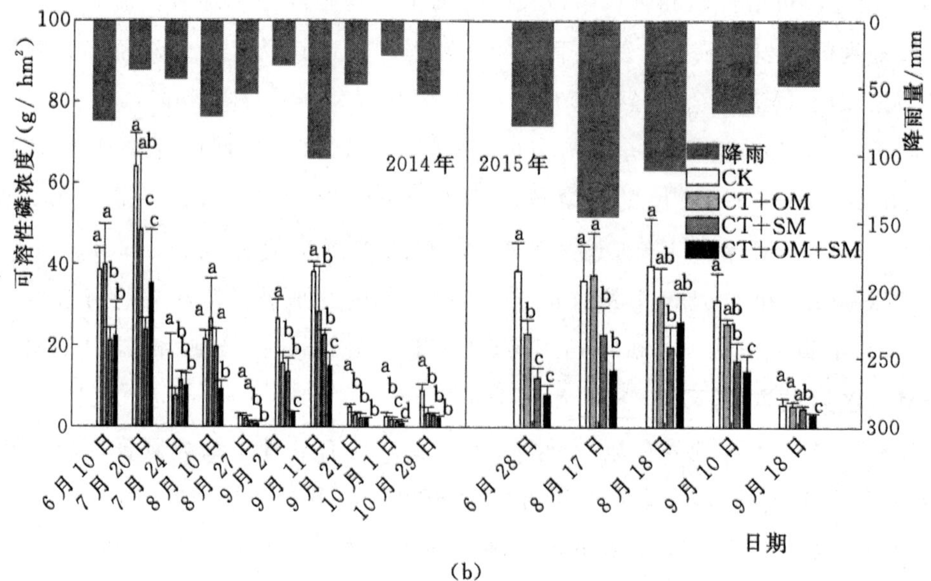

(b)

图 4.8（一） 地表径流中的磷素流失量变化

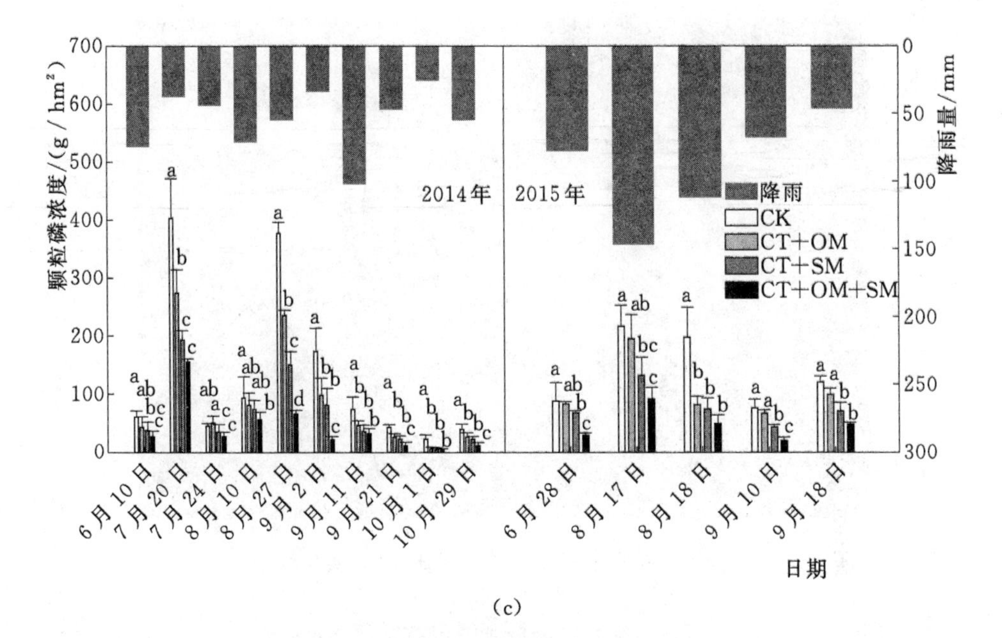

(c)

图 4.8（二） 地表径流中的磷素流失量变化

秸秆和有机质输入能显著降低紫色土区坡耕地产流量和径流系数。与对照（CK）相比，在田间进行有机质（OM）、秸秆覆盖（SW）、有机质+秸秆覆盖（OM+SW）处理，对径流的减小效应分别为 18.68%、34.11%、48.18%，且差异显著。4 种处理减小径流效果表现为有机质+秸秆覆盖处理（OM+SW）>秸秆覆盖处理（SW）>有机质处理（OM）>对照组（CK）。秸秆和有机质能显著降低泥沙产量，其效果比单施入有机质或秸秆更好。有机质和秸秆耦合模式在减小产沙方面的贡献分别比单施入有机质或秸秆高 28.1%和 12.0%。

有机质和秸秆覆盖均能显著降低单位径流侵蚀量，并减小紫色土区坡耕地土壤可蚀性，且效果显著。有机质处理（OM）、秸秆覆盖处理（SW）、有机质+秸秆覆盖处理（OM+SW）对土壤可蚀性的平均消减率分别为 22.30%、29.76%、35.04%。秸秆覆盖处理（SW）的平均可蚀性消减率略低于有机质处理（OM），但二者差异不显著。有机质+秸秆覆盖处理（OM+SW）对土壤可蚀性的消减效应均高于有机质处理（OM）和秸秆覆盖处理（SW），且显著差异。因此，增施有机质和秸秆覆盖相结合可作为该地区坡耕地一种水土保持农艺措施而推广。

紫色土坡耕地用养结合高效管理田间实位试验

紫色土坡耕地用养结合高效管理田间实位试验

与径流相关的氮素流失主要受径流速率和土壤可蚀性指标的控制（$p<0.05$）。径流水中硝态氮和铵态氮的浓度变化受到降雨事件和农业措施的显著影响。硝态氮和径流深度之间存在一个重要的对数关系。硝态氮被证明是无机氮流失的主要形式；因此，紫色土区应减少施硝态氮肥。土壤可蚀性指标显著影响碱解氮流失（$p<0.01$）。土壤养分含量在氮素流失中也起着重要

作用。然而，需要进一步研究以了解土壤可蚀性指标及土壤和养分流失之间的动态交互作用。结果表明，在集约化农业活动地区，采用CT＋OM＋SM的地表保护措施是减少水土流失的良好管理措施之一。

结果证明，CK＋OM＋SM可以成功地减少坡耕地的磷素流失。CK中每年测量的与地表径流相关的全磷负荷为1.56kg/hm^2，显著高于CK＋OM、CK＋SM和CK＋OM＋SM，它们的值分别为1.07kg/hm^2、0.77kg/hm^{2}和0.51kg/hm^2（$p<0.05$）。综合考虑各种因素，颗粒磷流失相当于是全磷流失的一个重要部分，在2014年总计差不多为80%，在2015年总计差不多为79%。结果证明，地表保护和增施有机质是减少由水力侵蚀引起的坡耕地的地表径流中磷素流失的两大农业保护措施。

第五章 植物篱径流泥沙拦蓄面源污染物控制模式

植物篱种植模式是在坡地上相隔一定距离密集种植双行乔木或灌木（一般为固氮植物）带，农作物种植在植物篱之间的种植带上，通过对植物篱周期性的刈割避免对相邻农作物遮光，提供改善土壤的物质材料。从定义可看出植物篱种植模式的几个特点：其一，植物篱由木本植物，尤其是固氮植物组成；其二，植物篱要周期性刈割，防止与农作物竞争；其三，植物篱必须密集种植，形成带状；其四，种植在坡地上的植物篱则一定沿等高线种植，这就是等高固氮植物篱。植物篱种植最初的功能是改善该系统的土壤养分和促进养分循环，抑制杂草生长，控制坡耕地水土流失。与传统的休耕轮作种植相比，植物篱模式还具有如下优点：耕作与休耕相结合，延长了耕种时间，提高了土地利用强度，有效恢复土壤肥力，减少了外部输入，应用规模不限，从小土地所有者到大规模机械化生产均可应用。植物篱主要通过根冠效应、篱笆效应有效拦截径流，保持水土。其中，根冠效应指的是植物篱通过自身根系固定土壤，通过冠层覆盖减轻雨滴溅蚀、减小土壤蒸发和作物蒸腾从而改变系统的温度、湿度、水分等状况，通过遮阴改变田间透光条件；篱笆效应指的是借助植物篱笆的拦截作用，阻止土壤向下运动。植物篱农作是指植物篱带和带间的农作物体系，它是一种特殊的农林复合模式。

国外有关植物篱的提法有：植物篱套作、通道式种植等。菲律宾将此技术发展为防止水土流失的系列技术，并统称为农耕坡地综合技术。随着IITA早期小区研究获得可喜结果，非洲国际畜牧研究中心（ILCA）和农林业国际研究中心（ICRAF）纷纷开始植物篱试验示范。近年来，国内一些单位也致力于植物篱和植物护埂技术的研究与试验示范，如贵州、云南和四川三省，研究各种类型的植物篱和施肥措施对作物产量、土壤侵蚀的影响，重点放在农户的经济效益上，并逐步实现坡地持续农业的目标。

川中紫色丘陵区位于四川盆地中部嘉陵江中下游地区，面积12.1万km^2（耕地面积330余万hm^2，占区内总土地面积29.4%、全省耕地面积55.8%），海拔350～700m，土壤类型以紫色土为主，人口密度500～600人/km^2。该区域是四川省主要农业区、经济区及重要的交通枢纽和商贸中心之一。在实施西部大开发，建设西部经济强省、长江上游生态屏障的战略中具有举足轻重的地位。川中丘陵区也是全省及长江上中游生态环境最易遭受破坏、水土流失最严重的地区。川中丘陵区的坡耕地多，面积大，约占旱地的70%，由于基岩倾斜，地块多呈不同程度的坡度，而且土壤的熟化度低、胶结性差，加之常规的耕作不当，导致了大量的水土流失。水土流失造成土层薄、结构差、水热状况失调、养分缺乏、限种作物单一、常年产量不高不稳。

第一节　蓑草植物篱模式构建与效益分析

1. 蓑草适生环境及其用途

蓑草[*EuIaliopsis binate*(*Retz.*)*G. E. Hubb*]，别名龙须草、糯的羊毛草，系禾本科拟金茅属多年生草本植物。蓑草为须根系，根系发达，入土深（60cm以下仍有相当根量），须根粗壮坚韧，盘结十分紧密；蓑草茎秆高40～100cm，紧密丛生直立，种子成熟后茎秆渐渐干枯；叶片狭长，宽1～3mm，长的达200cm以上，卷折里针状，表面粗糙，背面光滑，接近叶鞘处的边缘常有细毛，基部叶鞘密生白色绒毛，叶舌短小，上生短纤维毛，夏季日生长量达1cm以上，叶片一年收割2次；花絮为总状花絮，指状排列，密生淡黄色绒毛，小穗长4～8mm，两个并生于一个节上，一个无柄，一个有柄，每一小穗含2个小花，基部具淡黄色细毛。第一颖纸质，椭圆形，被淡黄色毛；第二颖膜质舟形，顶端具短芒，被簇生柔细毛。第一花雄性，内外稃透明、膜质，雄蕊3个；第二花两性，外稃膜质，先端具弯曲的长芒，内稃宽，先端钝，无毛或具细毛，雄蕊3个，柱头2裂，毛刷状，长0.3mm，黑紫色。开花结子期4—5月和9—10月，种子细小，包于花絮之中。

（1）生长环境。蓑草对环境条件要求不太严格，主要分布于中国和东南亚、西南亚的一些国家和地区。中国的产草区有陕西、湖北、河南、河北、云南、四川、贵州、广东、广西、安徽、上海等十多个省（自治区、直辖市），主要产区为陕西、湖北、云南、四川、广西等省（自治区）。尤以向阳、干燥、排水良好的地方常见。在陡峭的河谷，常生于裸岩缝之中。十分耐旱、耐瘠薄，贫瘠的微碱性至微酸性土壤均可生长，在四川长江河谷及其支流，金沙江河谷及其支流以及川中钙质紫色页岩地区，树木生长困难的地段。应大力发展蓑草，既防止水土流失，改善环境，又可得到良好的经济效益。

（2）蓑草的用途。据记载，蓑草在国内没有利用于工业生产之前，民间已广泛用于日常生活，如作蓑衣、草鞋、绳索以及其他编织物等，在一些偏远地区，这种利用方式还沿袭至今。自1954年以来，蓑草在国内造纸工业上得到广泛利用。据《中国造纸原料植物志》记载：纤维最长为2.17m，最短为0.64mm；最宽为19.8μm，最窄为5.3μm。纤维素含量为56.58%～58.13%，木质素含量为14.29%～14.61%，氢氧化钠抽出物为43.14%～43.26%，可与马尾松的纤维素含量媲美。蓑草纤维特别长，韧性好，拉力强，是造高级纸、人造棉的上好原料，也是床垫填充的优良材料。四川利用蓑草为原料造纸，占野生草本植物造纸原料的95%左右，已成为产区农村经济的一项重要收入来源之一。

2. 蓑草植物篱的特点与模式构建

（1）蓑草植物篱的特点。蓑草作为经济植物篱草种，其优点有以下几点：①宜种性广，特别是适合于川中丘陵区的大部分石灰性紫色土壤，是不毛之地退耕还草的极好草种。②水土保持效果好，其植株丛生，向下披垂，用作护埂不与作物争光，且覆盖面大，能有效拦截降雨，减少溅蚀和陡坎冲刷。③属多年生宿根植物，再生力强，因须根十分发达且收获地上部分，所以有利于固土蓄水。因栽植于地埂陡坎，故不与耕地中作物争肥。④经济价值高，蓑草生长迅速，一经种植。次年即可受益，生命期可维持十年甚至几十年以上，一年收获两次，每吨干草售价达500元左右，退耕还草地年可收草1.5～2t。

（2）蓑草植物篱模式。

1）“蓑草净作”模式。该模式是对荒山秃岭及土质特差的“三跑土”进行矮坎窄梯改造起垄，采用格网式方式全部栽种蓑草。据2002年8月6日里程乡狮嘴村4队赖启明家坡地实地测产（埂高1.45m，地宽1.82m），在干旱达50余天情况下，平均每平方米面积一次收草达1.7kg，退耕还草坡台地的地内每年每公顷可收蓑草22.5～37.5t，地埂收蓑草15～24t，合计可收37.5～61.5t，收入可达11250～18450元。

2）“蓑草＋优质粮油作物”模式。该模式每公顷坡台地的地埂可收蓑草7.5t以上，增收2250元以上，粮油作物小麦每公顷增产900～1200kg，玉米每公顷增产750kg以上，增收825～975元，每公顷总增收达3075元以上。

3）“蓑草＋果树”模式。该模式地埂蓑草年收割2次，由15°的坡耕地改成5°以下的梯地（梯地宽8m，地埂高1.4m），每公顷梯地的地埂长1275m，每年可收割蓑草7.5t以上。仅蓑草一项，三台县里程乡狮嘴村农民每年可增收750元以上。如果在地埂的埂基建二码蹬，每公顷耕地二码蹬上可栽果树600株，盛产期每株果树可收入20元左右，每公顷可增收12000元。

3. 蓑草植物篱示范推广情况及效益

（1）示范推广情况。三台县位于四川盆地中部偏北，涪江、凯江把全县分为西北、东北、南部三大片。幅员面积2661km^2，耕地面积8.3万hm^2，总人口145.8万人，是一个典型的丘陵区农业大县。全县平均降雨量895.2mm，但时空分布不均，多集中于6—9月，年平均气温16.7℃，无霜期283d。全县地势北高南低，东高西低，丘陵占总幅员面积的94.3%，坡耕地面积达5.24万hm^2，是全县主要的侵蚀源和输沙源。全县平均径流深达300mm以上，地表径流总量达8亿m^3，境内涪江年输沙量达 110 万 t，凯江达 20 万 t，全县年平均土壤流失量达 150 万 t 以上，是川中丘陵较严重的侵蚀地区之一。水土流失不仅严重影响农业的可持续发展，而且对生态环境造成极大的威胁。而选择适宜的经济植物篱品种及配套技术是寓生态效益、经济效益、社会效益于一体的坡耕地水土保持理想方式之一，它对于农业结构调整、农业持续发展和建立长江上游的生态屏障都具有极其重要的作用。

1978 年，三台县里程乡狮嘴村赖书记部队转业回乡带领群众治理荒山荒坡，将野生的蓑草进行人工规范化栽培，改坡土为梯土，在梯面上种果树，梯坎及坡面栽蓑草，在土壤太瘠薄的地方，果树产量很低且品质不好，梯面和梯坎都栽上蓑草，取得了很好的水土保持效果和经济效益，临近村民争相效仿，在 1985—1990 年达到高潮。1990 年以后，在三台县农业局有关部门组织及四川省农业科学院土肥所的指导下，结合农业综合开发和部省有关科研项目，蓑草种植面积很快发展到 20000 余亩，并总结提出了“果树＋蓑草”“农作物＋蓑草”“蓑草净作”等以蓑草为核心的农林复合种植模式。

（2）蓑草植物篱经济效益分析。为了分析蓑草植物篱的经济效益，开展了典型农户与典型土块的调查研究。典型农户调查采取访问与实地测产相结合的方法；典型土块调查在测定土块坡度、地埂系数基础上，测定蓑草产量，分析其经济效益。

1）典型农户调查。对 6 户典型农户调查结果表明，蓑草植物篱亩产量 620～1050kg，平均为 826.7kg，与未种植蓑草相比，亩增收 310～460 元，平均增收 380 元，其中蓑草收入 248～420 元，平均为 330.7 元，占增收的 87.03％。其经济效益显著，对促进农民增收意义重大（见表 5.1）。

2）典型地块调查。为进一步研究不同立地条件坡耕地改造后耕地面积、地埂系数及经济效益，选择具有代表性的具有不同坡度、不同模式的 5 个土块进行了调查研究。研究结果表明：坡面种植优良作物，地埂种植蓑草模式的坡度一般在 15°以下，地埂系数 10％～20％，坡面净种蓑草产亩产量 1000kg 左右，亩新增经济效益 60～150 元；果树加蓑草模式地面坡度一般在 20°左右，改后坡面 2m，地埂约占 50％面积，较不种植蓑草新增效益 100 元左右；净种蓑草模式一般分布在土壤瘠薄，坡度25°以上的地块，改造后不仅显著的防止了水土流失，防止土壤退化，而且亩可新增效益200～300元（见表5.2）。

表5.1　　蓑草植物篱经济效益典型农户调查

户名	地址	应用面积/亩	蓑草产量/(kg/亩)	粮食产量/(kg/亩)	与未种植物篱比较增收/(元/亩)	其中		备注
						植物篱收入/(元/亩)	大田收入/(元/亩)	
李明联	里程乡狮嘴村五组	3	620	玉米480；小麦310；红苕320	310	248	1404	每公斤粮食1.20元，大豆2.40元；蓑草400元/t
赖启富	里程乡狮嘴村五组	4.2	1010	玉米500；小麦290；红苕280	460	404	1332	
李明伍	里程乡狮嘴村五组	3.8	830	玉米450；小麦300；红苕290；大豆60	370	332	1392	
赖启明	里程乡狮嘴村四组	3.8	1050	玉米490；小麦320；红苕300	450	420	1320	
龚珍华	里程乡狮嘴村四组	2	800	玉米520；小麦320；红苕300	370	320	1368	
龚珍喜	里程乡狮嘴村四组	1.8	650	玉米500；小麦320；红苕270；大豆50	320	260	1428	
平均			826.5		380	330.7	1374	

表 5.2　　蓑草植物篱经济效益典型地块调查

项　目	1	2	3	4	5	6
模式	农作＋蓑草	农作＋蓑草	农作＋蓑草	柑橘＋蓑草	蓑草净作	蓑草净作
蓑草产量/(kg/亩)	274.8	1072.8	1155	492.9	441.4	173.2
经济效益/(元/亩)	164.9	643.7	693	295.7	264.8	103.9
地埂系数/%	9.44	9.17	22.45	32.01	40.98	51.22
经济效益×	15.57	59.03	155.6	94.65	108.5	53.22
地埂系数/%	10.14	11.33	29.6	49.56	51.3	50.91
坡度	5.79	6.47	16.49	26.51	27.18	26.99
备注	坡下部，土壤肥力较高，地埂栽有果树	坡下部，土壤肥力较高	坡下部，土壤肥力中等	坡中上部，土壤肥力中等	坡上部，土壤肥力差	坡顶，土壤贫瘠

蓑草植物篱模式主要有“果树＋蓑草”“农作物＋蓑草”“蓑草净作”3种，应根据土壤立地条件配置不同模式，以发挥蓑草植物篱最大的经济生态效益。由于蓑草植物篱农作模式经济生态效益显著，在试验示范核心区推广面积达20000余亩。

第二节　蓑草植物篱的减流减沙效应及机理

1. 蓑草根系特征及其在土壤剖面中的分布

(1) 蓑草根系长度及其在土壤剖面中的分布。为探索蓑草植物篱的减流减沙减沙效应及机理，以三台县蓑草植物篱试验示范区种植了3年的蓑草为试验对象，研究了其根系在土层中的横向和纵向分布特征。研究选择相对独立的蓑草一株以尽可能避免其他植株的干扰，垂直于坡面挖取宽120cm、深

90cm 的土壤剖面，蓑草植株中心两边各 60cm，然后按 10cm 分层取 10cm×10cm×10cm 土体用筛网洗根，根系样品用便携式冰箱送中国农业大学资源环境学院植物根系分析室应用 winRhizo 根系自动分析系统测定每个取样单元的根系长度、体积、表面积和平均直径（图 5.1）。

蓑草											
1	2	3	4	5	6	7	8	9	10	11	12
13	14	15	16	17	18	19	20	21	22	23	24
25	26	27	28	29	30	31	32	33	34	35	36
37	38	39	40	41	42	43	44	45	46	47	48
49	50	51	52	53	54	55	56	57	58	59	60
61	62	63	64	65	66	67	68	69	70	71	72
73	74	75	76	77	78	79	80	81	82	83	84
85	86	87	88	89	90	91	92	93	94	95	96
97	98	99	100	101	102	103	104	105	106	107	108

坡向

等高（横坡）种植蓑草

图 5.1　蓑草取样单元示意图

在 120cm×90cm 土体内，蓑草根系总长 98714.8cm，平均根长 0.91cm/cm³，在土壤表层高达 9.42cm/cm³。研究土体周长 420cm，根系总长度相当于缠绕整个土体 235 圈，正是根系的这种缠绕固结作用显著提高了土壤抗侵蚀的能力。

在土壤剖面的横向分布上，蓑草根系随着距蓑草中心距离的增加而减少，且集中分布在蓑草植株左右 0～50cm 的土体内，其中近 50%的根系分布在植株左右 20cm 以内，近 65%分布在植株左右 30cm 以内，80%分布在植株左右 40cm 内，近 90%分布在植株左右 50cm 内。

在土壤剖面纵向分布上随土层深度增减而递减，且集中分布在 40cm 以上土体内，其中 60%分布在 20cm 以上土体内，80%分布在 40cm 以上土体内，90%分布在 60cm 以上土体内（图 5.2）。因此，蓑草根系对表层尤其是 40cm 以内相对肥沃土壤的渗透性、抗冲性和抗剪性的提高具有重要意义，对防止因土壤侵蚀引起的土壤质量退化具有重要作用，且其提高土壤抗侵能力的有效性也势必随土层深度的增加而逐渐减弱。

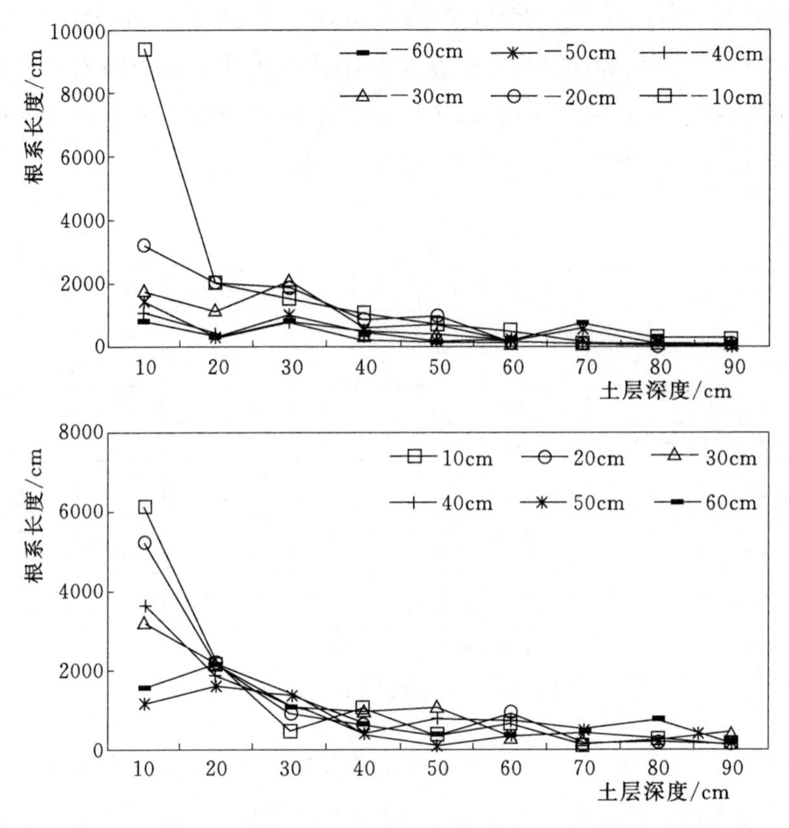

图 5.2　蓑草根系在土壤剖面中的纵向分布

（2）蓑草平均直径、表面积与体积及其提高土壤抗侵蚀能力的有效性。从表 5.3 看出，蓑草根系平均直径 0.20～0.50mm，95%的根系平均直径小于 0.40mm。土体根系总体积 85.13cm^3，根系总表面积 10139.68cm^2，约为土体表面积的 39%，在土壤表层根系表面积高达土体表面积的 2～3 倍。研究黄土高原草地植被恢复对土壤腐殖质及水稳性团聚体的影响，发现 0.1～0.4mm 毛根对于团聚体的形成除了“缠绕、串联”作用外，根系的网络及根—土界面的黏结作用可能也有重要意义：毛根的作用主要体现在大型团聚体（>2mm）的形成上，根系表面积指标与团聚体的相关性比毛根长度要好。用毛根表面积分析评价其提高土壤水稳性团粒、强化抗冲性的作用比用有效根密度或根系生物量更能揭示其固结土壤的作用机制。由于蓑草根系极为丰富且以 0.25～0.35mm 的细根为主，表面积大，黏结作用明显，故其改善土壤抗侵蚀性能的有效性显著，对提高 50cm 以内土体的土壤抗侵蚀能力尤为突出。

表 5.3　　　　蓑草根系平均直径统计结果

根系平均直径/mm	0.20～0.25	0.25～0.30	0.30～0.35	0.35～0.40	0.40～0.45	0.45～0.50
样品数	7	42	42	12	4	1
占样品的含量/%	0.06	0.39	0.39	0.11	0.04	0.01

2. 蓑草植物篱的减流减沙效应

为研究蓑草植物篱的减流减沙效应，于 2002 年建标准径流场两处设高坡度（24°）和低坡度（12°）两种立地条件，对 2003—2004 年连续对径流和泥沙流失状况进行监测。每次雨后测定径流量与泥沙量（测定时间根据泥沙量而定）。高坡度设置 3 个处理：不进行坡改梯、坡面种植农作物（PNC）；坡改梯后梯面种植农作物、地埂和边坡种植蓑草（PERBC）；坡改梯后梯面种植蓑草并蓑草护埂（PECC）。每小区宽 3m，坡长 10.93m，投影面积 $30m^2$，观测池长 3m、宽 0.5m、深 0.5m，容积 $0.75m^3$。低坡度设置 2 个处理：不进行坡改梯、坡面种植农作物（PNC）：坡改梯后梯面种植蓑草并蓑草护埂（PECC）。每小区宽 5m，坡长 20.5m，投影面积 $100m^2$。每个观测池长 5m、宽 1m、深 0.5m，容积 $2.5m^3$。

（1）低坡度条件下蓑草植物篱的减流减沙效应及机理。降雨诱发了径流与泥沙的产流。将降雨量作为自变量，径流量作为因变量，二者具有显著的相关性。在低坡度情况下，未坡改梯且农作（PNC）模式径流量与降雨量符合一次函数：$y=0.97x-19.26$，$R^2=0.78$；蓑草净作模式（PECC）为 $y=0.12x-1.00$，$R^2=0.34$(图 5.3)。

由此可见，蓑草通过地表覆盖、丰富的根系与土壤的相互作用过程对改善土壤抗侵蚀环境的效益十分显著。根据 2003—2004 年的监测结果，降雨量小于 100mm 时，PECC 与 PNC 两种模式的径流量较低（$<77.5m^3/hm^2$），PECC 的径流量与 PNC 模式相当，但在部分场次降雨中 PECC 模式也表现了截流作用，产流量为 PNC 模式的 10%～29%。降雨量大于 100mm 时，两种模式的径流量随之增加，由于蓑草的减流作用，PECC 处理径流量为 5～

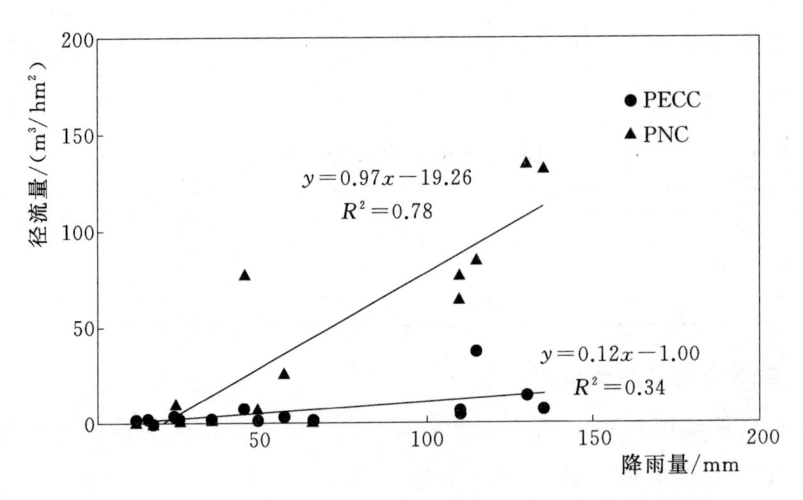

图 5.3　低坡度（12°）条件下降雨量与径流量的相关关系

37.5m^3/hm^2，仅为 PNC 处理的 6%～44%。对于 2003 年和 2004 年来说，PECC 的年径流量分别为 74.04m^3/hm^2 和 25.76m^3/hm^2，年土壤流失量为 1169.50kg/hm^2 和 142.05kg/hm^2，是 PNC 的 18.2%和 11.6%。坡改梯后净作蓑草大大降低了水土流失，削弱了环境污染风险（图 5.4）。

（2）低坡度（12°）条件下蓑草植物篱的减流减沙效应及机理。24°坡度情况与 12°坡度相同，径流量与降雨量符合线性方程：PNC 模式 $y=2.51x-53.38$，$R^2=0.79$；PERBC 模式：$y=0.68x-10.03$，$R^2=0.52$；PECC 模式：$y=0.11x-1.34$，$R^2=0.69$（图 5.5）。

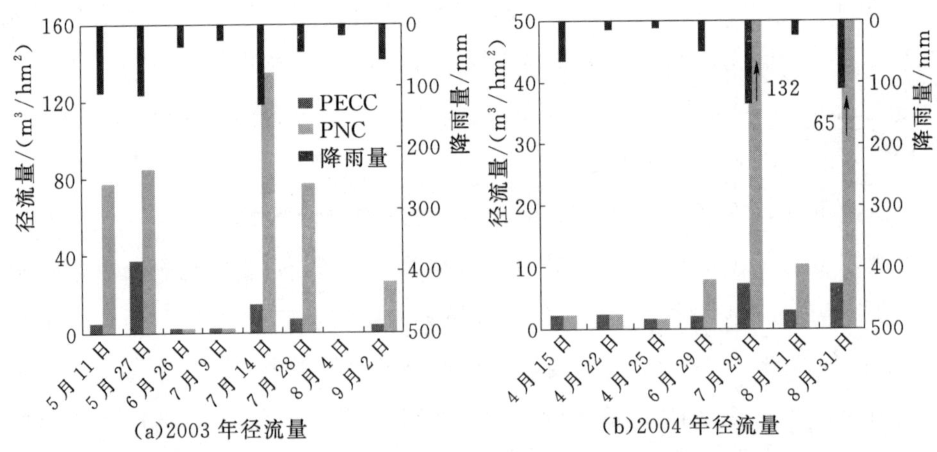

图 5.4（一）　低坡度条件下不同处理径流量与流失量比较

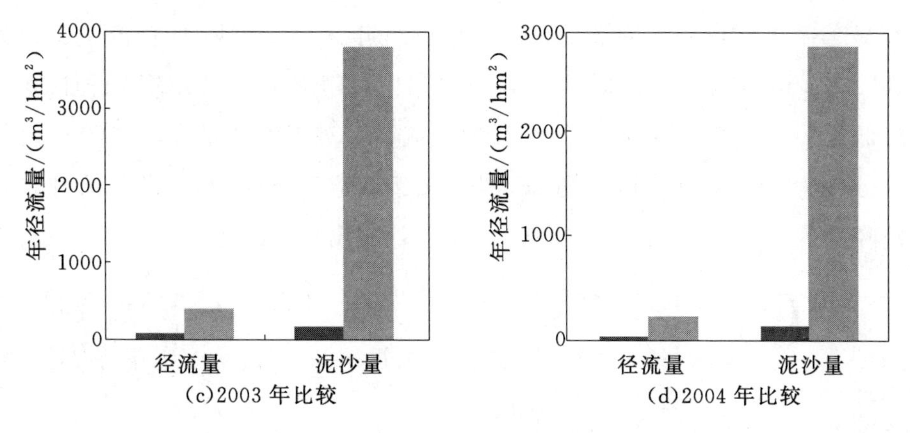

图 5.4（二） 低坡度条件下不同处理径流量与流失量比较

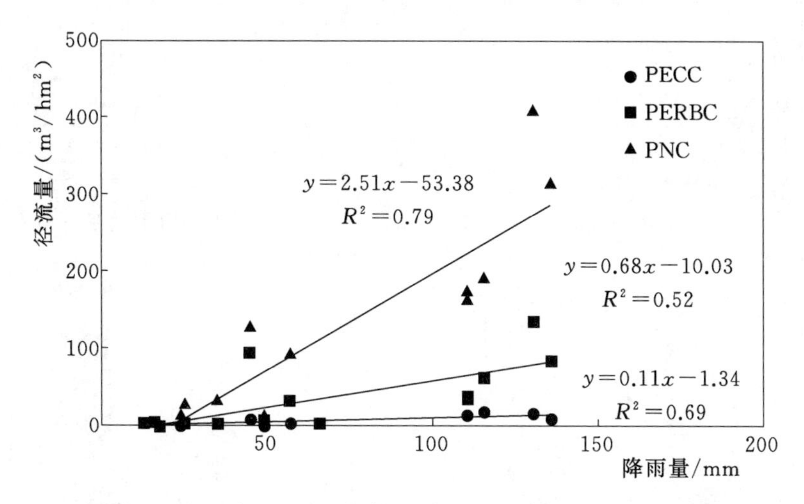

图 5.5 高坡度（24°）条件下降雨量与径流量的相关关系

降雨量小于100mm时，PECC、PERBC两种模式表现出较好的减流效果，与PNC模式相比，径流量平均减少29.26kg/hm^2和16.91kg/hm^2。但在2004年年初的3场降雨中三种模式径流量的降低没有差别，可能是由于此时土壤较干且降雨量相对较小，土壤还未达到饱和含水量，产流极少。大于100mm的降雨大大增加了研究区的径流量，尤其是PNC模式，其径流量为165.08～410.21kg/hm^2，较同等降雨条件下低坡的径流量大2.26～3.04倍。由于蓑草的种植，PERBC模式的减流效果为67%～80%，PECC处理达到91%～98%。也就是说，蓑草不仅对小降雨量、小强度的降雨径流具有显著的防止作用，而且对降雨量大和降雨强度大、持续时间长的降雨径流也具有显著的防止作用。对于2003年和2004年来说，PNC的径流量分别为1059.53kg/hm² 和511.91kg/hm²，与之相比，PERBC和PECC两种模式分别降低了80%±20%和85%±15%的径流量；对于泥沙量来说，PNC的径流量分别为46684.5kg/hm² 和28381.5kg/hm²，PERBC和PECC两种模式分别降低了99%±1%和98%±0.5%的泥沙携出量（图5.6）。

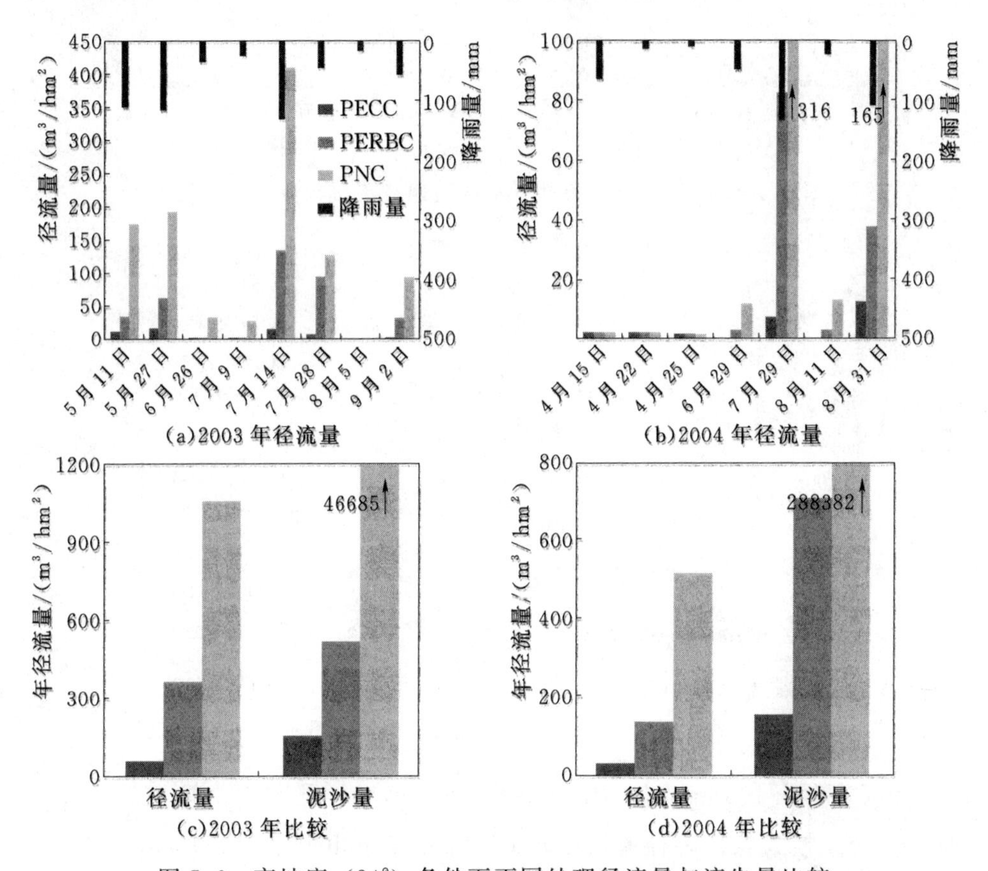

图5.6 高坡度（24°）条件下不同处理径流量与流失量比较

此外，与PNC相比，PECC模式在高坡度条件下减流率与减沙率分别平均提高了10%和5%，因此坡度越大蓑草植物篱的减沙减流效果越显著。也就是说，无论是在低坡度还是高坡度情况下，PERBC与PECC两种植物篱的种植方式均具有良好的减沙减流效果，且在高坡度条件下效果更好。

总体而言，蓑草防止水土流失的机理一是蓑草的根系十分丰富，根系的缠绕固结和穿插作用，提高了土壤的抗冲性和土壤的渗透性。显著的改善了土壤的抗侵蚀环境；二是蓑草根系直径小，95%以上的根系直径小于0.4mm。根系表面积大，巨大的表面吸附能对水稳性团粒的形成具有重要的意义；三是蓑草地上部生物产量高，对土壤表面的覆盖保护效果好，避免土壤直接遭受雨水溅击，延缓土壤侵蚀产流产沙的过程：四是蓑草的生长发育盛期与区域雨季同期，5—9月蓑草生长十分旺盛，土壤盖度达90%左右，而同期降雨约占全年降雨80%左右。

径流量与降雨量具有显著的线性相关关系，即蓑草通过地表覆盖、丰富的根系与土壤的相互作用过程对改善土壤抗侵蚀环境的效益十分显著，蓑草不仅对小降雨量、小强度的降雨径流具有显著的防止作用，而且对降雨量和降雨强度大、持续时间长的降雨径流也具有显著的防止作用。蓑草植物篱农作技术体系具有显著的防止水土流失效果，是该区域坡耕地保护利用的重要技术措施。紫色丘陵区土地垦殖指数高，生态环境脆弱，耕地中坡耕地比例大，水土流失十分严重，土壤侵蚀是造成土壤质量退化的最主要原因，保护利用坡耕地是该区域农业和农村经济发展的关键。蓑草经济植物篱农作技术体系将生态效益与经济效益有机结合，且蓑草耐干旱、贫瘠，宜种性广，农户容易接受与掌握。技术应用前景广阔。

第三节　蓑草优化施肥与栽培技术集成

蓑草在保护利用坡耕地方面具有显著的经济和生态效益，但一直以来农户不重视蓑草的养分管理，一般只刈割一次，难以充分发挥蓑草的潜力，也不利于蓑草的产业化发展。通过蓑草养分综合管理技术的研究，提出蓑草的优化施肥方案可以充分发挥蓑草的减流减沙作用。

选择三台县里程乡狮嘴村四组，在城墙岩群白龙组发育的黄红紫泥土壤上种植蓑草，并设置了16个施肥处理（表5.4），每个处理3次重复，共48个小区，小区面积10m^2，周围留保护行。蓑草生长过程共施三次肥，第一次在5月底到6月初，第二次在第一次收割蓑草前的5～7d，第三次在第二次收割蓑草前的10d左右。蓑草刈割两次，第一刈割时间在8月20日，12月15日进行第二次刈割，产量以干草计算。

表 5.4　肥料用量及施用时间

处理	施肥量/(kg/hm^2)			处理	施肥量/(kg/hm^2)		
	N	P_2O_5	K_2O		N	P_2O_5	K_2O
CK	0	0	0	NP2	135	75	0
P	0	75	0	NP3	90	75	0
K	0	0	75	NK1	180	0	75
PK	0	75	75	NK2	135	0	75
N1	180	0	0	NK3	90	0	75
N2	135	0	0	NPK1	180	75	75
N3	90	0	0	NPK2	135	75	75
NP1	180	75	0	NPK3	90	75	75

1. 施肥对蓑草产量的影响

农户不重视蓑草养分管理，一般仅在雨后撒施一些尿素或碳铵，没有量的概念，更多的农户根本不施肥，这造成了蓑草的生态经济效益的潜力难以充分发挥。图 5.7 的结果表明，通过养分的综合管理，不仅大大提高了蓑草的产量，而且完全可以实现一年刈割 2 次的目标。

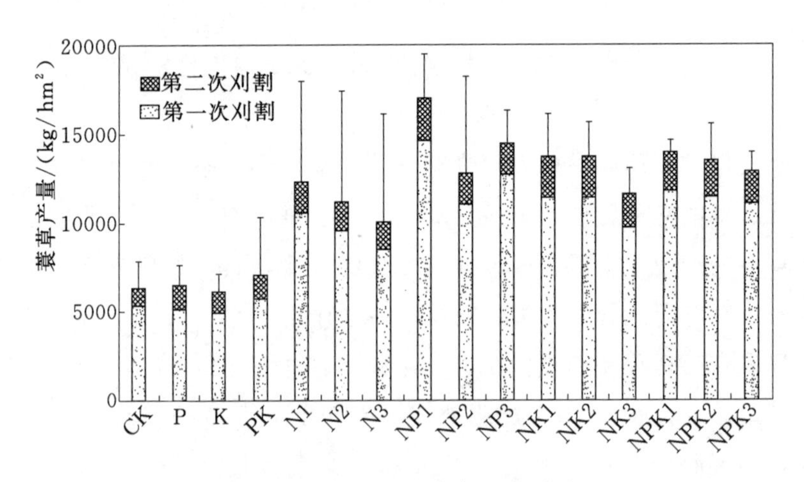

图 5.7　施肥对蓑草产量的影响

(1) 第一次刈割产量结果分析。蓑草单施磷钾肥增产效果不明显，施氮增产效果显著，尤其是氮与磷钾肥配施。较不施肥增产 212.2～614.7kg/亩，增产幅度为59.5%～172.3%，可新增产值106～370元（蓑草按均价500元/t计算）。运用SPSS统计分析软件对产量结果进行方差分析（表5.5），差异达0.01极显著水平。

表5.5　　第一次刈割产量方差分析结果

差异源	SS	df	MS	F	$F_{0.05}$	$F_{0.01}$
组间	619164.93	2	309582.46	5.77	3.20	5.11
组内	2414157.41	45	53647.94			
总计	3033322.34	47				

对N、P、K进行交互作用分析结果表明（表5.6），N×P，N×P×K有明显的交互作用，差异达0.01极显著水平，N×K，P×K无交互作用，这与紫色土K相对丰富，P非常缺乏相吻合，在养分管理上应重视氮肥，增磷补钾。

表5.6　　第一次刈割产量交互作用分析结果表

变异来源	平方和	df	均方	F值	显著水平
N	573217.9	3	191072.63	8.17	0.0004
P	121452.4	1	121452.38	5.2	0.0299
K	208710.1	1	208710.09	8.93	0.0056
N×P	258380.1	3	86126.69	3.68	0.0227
N×K	116195	3	38731.67	1.66	0.1973
P×K	2273.69	1	2273.69	0.1	0.7573
N×P×K	432705.3	3	144235.1	6.17	0.0021
误差	701223	30	23374.1		
总和	3033322	47			

（2）第二次刈割产量结果分析。虽然蓑草第二次刈割的产量只有第一次的14%～28%，但氮与磷钾肥的配施可以促进蓑草的生长发育，可显著提高蓑草第二次刈割产量（表5.7）。与对照比较，施肥处理增产17.7～99.3kg/

亩，增产幅度为29.0%～162.8%，可新增产值9～50元（蓑草按均价500元/t计算）。运用SPSS统计分析软件对产量结果进行方差分析（表5.8），差异达0.01极显著水平。同时，通过蓑草科学施肥，实现了二次刈割，较农户常规种植多收割一季，亩可新增产值40～80元，经济效益显著。总体而言，除NP2处理外，蓑草产量随氮肥施用量的增加而增加，但氮肥增施一倍，蓑草的产量并未有非常大的提高，可见蓑草的氮肥投入量无需过高，以免增加氮损失风险。

表5.7　　第二次刈割产量方差分析结果表

差异源	*SS*	d*f*	*MS*	*F*	$F_{0.05}$	$F_{0.01}$
组间	15408.88	2	7704.44	7.83	3.20	5.11
组内	44273.32	45	983.85			
总计	59682.19	47				

对N、P、K进行交互作用分析结果表明（表5.8），N×P×K有明显的交互作用，差异达0.01极显著水平，N×P、N×K达0.05显著水平，P×K无交互作用，与第一次刈割分析结果比较，磷钾肥的增产作用凸现，这与磷钾肥促进蓑草植株生长发育关系密切。

表5.8　　第二次刈割产量交互作用分析结果表

变异来源	平方和	d*f*	均方	*F* 值	显著水平
N	13918.42	3	4639.47	16.47	0.00004
P	4101.03	1	4101.03	14.56	0.000632
K	1374.89	1	1374.89	4.88	0.034921
N×P	3443.92	3	1147.97	4.08	0.015313
N×K	2748.73	3	916.24	3.25	0.035348
P×K	266.88	1	266.88	0.95	0.338124
N×P×K	9969.95	3	3323.32	11.8	0.000028
误差	8449.49	30	281.65		
总和	59682.2	47			

2. 蓑草栽培技术要点

蓑草人工种植可分直播、分蔸移栽和育苗移栽三种方式。其中以育苗移栽最好。其种植技术如下：

（1）育苗。播种时间：蓑草育苗播种在 6 月上旬至 8 月上旬进行，用当年种子。

苗地要求：苗床地应选择地势平坦、向阳、质地适中、水源方便的地块。按 1～1.5m 开厢作成低畦，0.2～0.3m 开沟作人行道，去掉杂草和杂物，作到厢面平整。

播种方法：播种前晒种一天，然后装于麻袋内压于清水中浸泡 2～3h，泡湿后按厢分二次均匀撒播，播时连花穗一齐播下，每亩苗床地用带花穗干种 30～40kg。播后用铁铲拍实或用脚踏实，再撒盖 2～3mm 厚细土，以外露 1/2 花穗为度，用麦草或稻草覆盖厢面。然后泼水使厢面湿透。

（2）移栽。移栽时间：8 月下旬至 9 月中旬或翌年 3—4 月雨季为移栽蓑草的最适时间。

种植方式：见表 5.9。

表 5.9　　蓑草种植方式

种植方式	技术要点
蓑草＋果树（桑树）	在地梗栽蓑草，地内带状栽果树或在地埂、地内都按带状混栽蓑草和果树
蓑草＋优质粮油作物	在地埂栽蓑草，地内种植优质粮油作物。对于地埂高的建二码蹬，并在二码上栽果树
退耕还草（净蓑草）	对陡坡、土壤质地特差、水土流失十分严重的响沙地、姜石黄沙地等采取矮坎窄梯改造，梯地内格网式起垄，地内地埂全部栽种蓑草

移栽规格：一般以窝距 20～30cm、行距 50～60cm 为宜，每窝栽 10～15 苗。净作每亩栽 6000～8000 窝，实行格网式起垄栽植，蓑草栽于垄背；作护埂植物篱栽于地埂，高 1m 以上地埂栽蓑草 2～3 行（埂顶一行，离埂项 50cm 左右处栽第二行），高 1m 以下地埂栽蓑草 1 行。

移栽方法：用锄头或平铲起苗，多带泥土尽量保持须根完整。雨后用小铁撬撬窝浅栽。移栽时苗子基部入土 2cm 左右，再覆土围蔸压实，栽后及时灌水定根。

(3) 田间管理。

1) 苗期管理。病虫草防治：在育苗中，应注意清除苗床杂草和防治虫害（特别是毛虫）。

保墒：播种后应注意保持厢面湿润，现苗后每天 16：00 以后泼水一次，苗齐后去掉盖草以后则根据气候和土壤水分情况进行保墒。

施肥：整个苗期施肥二次。第一次在现苗后 10d，每亩用碳铵 5kg 兑清粪水泼施提苗；第二次在现苗后 20d 左右每亩用尿素 5kg 兑清水泼施作进嫁肥。此外，应根据当地土壤情况合理进行磷、钾肥和微肥的施用。

2) 蓑草植物篱管理。病虫草防治：栽前人工或用灭生性除草剂“农达”兑水喷雾，清除杂草；蓑草移栽后用甲敌乳油或氧化乐果 800～1000 倍液喷雾防除毛虫。

施肥：蓑草植物篱年施肥 3 次，第一次于 2 月下旬蓑草萌发前（萌芽肥），亩用 40%配方肥 35kg 挖窝施用（地埂按折合面积），施肥后灌水、覆土；第二次于 4 月下旬蓑草开花前（花叶肥），亩施尿素 20～25kg 或碳酸氢铵 50kg。雨前撒施；第三次于 8 月下旬第一次收割后施用，亩施碳酸氢铵 50kg 挖窝施用。

采种：蓑草在 4 月上中旬开花，5 月中旬成熟时应及时采种，不采种的应及时割去花穗以集中营养促进纤维叶片生长。

(4) 收获与加工。蓑草年可收割两次。第一次在 8 月底，第二次在 11 月底。夏季蓑草质量优于秋季。收割时选择晴好天气，收割后及时晒干，梳去草衣，做到干燥、色青黄、无杂质、无霉烂，然后捆把备用或出售。

蓑草对土壤水分条件虽无特别的要求，仍应加强养分综合管理与高产栽培技术的研究集成，制定相关技术规程。针对紫色丘陵坡耕地养分状况，应增施氮肥，补施磷钾肥，以充分发挥蓑草的生态经济效益。

总得来说，蓑草植物篱模式主要有“果树＋蓑草”“农作物＋蓑草”“蓑草＋蓑草”3 种，应根据土壤立地条件配置不同模式，以发挥蓑草植物篱最大的经济生态效益。蓑草对土壤水分条件虽无特别的需求，仍应加强养分综合管理与高产栽培技术的研究集成，制定相关技术规程。针对紫色丘陵坡耕地养分状况，应增施氮肥，补施磷钾肥。蓑草植物篱具有显著的生态经济效益，今后应加强对该项技术成果的技术经济评价，制定技术规程规范，促进该项技术在类似区域的示范推广。但在未来还需深入研究以下问题：①紫色土土层浅薄，有机质含量低，水土流失造成土壤粗骨化，物理性退化严重，蓑草具有显著的减流减沙效应，应进一步深入研究长的时间尺度下，蓑草植物篱的土壤培肥效应，准确定量评价蓑草植物篱的技术效益；②在长期定位观测的基础上，分析蓑草植物篱在控制产流产沙过程的临界降雨量，深入研究蓑草减流减沙效应及其有效性机理。

第六章 基于种养结合的农业面源污染物控制模式

针对库区上游耕地用养脱链，养殖粪污直排导致的污染负荷问题，系统研究农田对养殖废弃物的消纳能力和土壤培肥的长期效应，提出适宜于库区上游的生猪养殖废弃物安全还田技术体系。与当地的绿安生物科技公司合作，对养殖废弃物进行干湿分离，共同研发养殖废弃物资源化利用肥，同时研究作物需养规律和农田对废弃物的承载力限值，农田对养殖废弃物（直接还田和商品化有机肥）的消纳能力、沼渣沼液最佳还田方式和土壤培肥的长期效应，提出适宜于库区上游的散户生猪养殖废弃物安全还田技术体系。

第一节　畜禽养殖土地承载力测算

近年来，四川省的畜牧业规模化经营比重不断提高，综合生产能力明显增强，现代化畜牧发展产业体系雏形初现。据国家统计局数据显示，2017年四川省的畜牧业总产值达到2326.71亿元，位列全国第3，为区域乃至全国畜牧产品消费自给率均做出了巨大的贡献。然而，随着城市化进程持续加快、畜禽养殖业集约化程度的不断提高，畜禽养殖粪污污染已经成为制约畜牧业可持续发展的重要因素。据四川省农业厅数据显示，全省畜禽粪污年排放量达 2.5 亿 t，占全国的 6.5%，而综合利用率仅达 62%。

中国相继在 2011 年开始实施农业污染减排工作，重点是规模养殖场污染治理；2014 年 1 月 1 日起由国务院常务委员会讨论通过的《畜禽规模化养殖污染防治条例》在全国范围内实施执行；2015 年 4 月和 2016 年 5 月，国务院相继印发了《水污染防治行动计划》和《土壤污染防治行动计划》，明确指出防治畜禽养殖污染，科学划定畜禽养殖禁养区，规模化畜禽养殖场（小区）要根据污染防治需要，配套建设粪便污水贮存、处理和利用设施。传统模式下的畜牧养殖业开始面临巨大挑战，未来畜牧业的持续健康发展离不开对畜禽养殖废弃物的污染防控，通过大力发展生态健康养殖，加强养殖规划源头控制、饲养过程减量化、畜禽粪污无害与资源化利用，农牧结合，使畜禽粪便变废为宝，提升耕地地力，促进农业循环发展。

为评估四川省畜禽粪污环境承载力现状，依据畜禽粪便排放系数和粪污含量，计算四川省畜禽粪便环境承载潜力。根据四川省实际农用地中的作物类型，估算四川省畜禽粪便污染量和农用地畜禽粪污承载力，评估畜禽粪污负荷预警风险，为科学、合理规划四川省畜禽养殖业布局及发展规模，加快环境友好型和资源节约型现代化畜牧业农牧强省建设提供理论参考。

1. 畜禽粪污承载力的测算方法

（1）四川省土地可承纳的粪肥氮（磷）总量。参照 GB/T 25246—2010《畜禽粪便还田技术规范》，根据四川省 2017 年统计的全省各市各类粮食作物、经济作物（棉花和花生等）、果树蔬菜等的作物产量（表 6.1），乘以每种作物的 100kg 收获物需氮（磷）量（常见作物的参考值见表 6.2），得到四川省（或省内各市）的作物总氮磷需求，计算公式如下：

$$A_{n,i}=\sum(P_{r,i}\times Q_i\times 10^{-2})$$

式中 $A_{n,i}$——区域内作物氮（磷）养分需求总量，t/a；

$P_{r,i}$——区域内第 i 种作物的总产量，t/a；

Q_i——区域内第 i 种作物每 100kg 收获物所需氮（磷）量，kg。

表 6.1　　2016 年四川省各市主要作物产量（万 t）及各市耕作面积　　单位：千 hm^2

区域	耕作面积	粮食作物							经济作物										
		稻谷	小麦	玉米	豆类	薯类	花生	油菜籽	棉花	甘蔗	生麻	烤烟	中草药材	蔬菜及食用菌	蚕茧	茶叶	苹果	柑橘	梨
成都	886.27	159.10	28.56	54.80	10.70	30.00	3.60	29.90	0.04	1.18		0.07	5.87	737.36	0.34	2.20	0.43	54.78	11.58
自贡	313.71	77.20	11.85	22.81	5.90	14.70	2.00	4.60		2.88	0.03		0.59	204.04	0.25	1.14		22.61	1.52
攀枝花	70.93	12.20	2.99	5.75	1.00	0.60	0.10	0.30		4.63		1.28	0.13	74.74	0.34	0.01	0.01	0.31	1.68
泸州	486.58	121.30	16.34	31.44	3.20	29.80	0.60	4.30		7.30	0.00	0.99	2.43	244.14	0.21	1.21	0.18	9.29	1.45
德阳	459.28	108.30	23.41	45.05	3.50	11.00	3.20	16.90	0.02	0.65		0.93	3.93	216.87	0.33	0.06	0.37	6.92	5.41
绵阳	664.57	100.50	33.41	64.28	5.30	17.40	9.30	27.10	0.02	1.12	0.05	0.00	3.01	207.00	1.15	0.34	0.25	11.58	3.66
广元	432.57	52.00	23.53	45.27	3.10	17.30	8.30	13.40	0.71	0.09	0.00	0.64	4.46	236.91	0.28	0.83	2.28	8.40	15.60
遂宁	415.51	47.10	24.29	46.74	7.40	33.90	3.80	12.10		0.22	0.00		1.51	105.94	0.07	0.01	0.09	4.43	1.39
内江	454.35	65.50	19.32	37.18	10.00	23.00	3.10	8.30		4.58	0.00	0.00	0.37	279.17	0.34	0.25	0.01	29.44	3.41
乐山	358.44	66.80	7.48	14.39	3.40	16.70	0.80	7.10	0.03	2.62		0.10	4.90	119.86	0.13	3.74	0.21	8.32	0.97
南充	920.43	115.30	42.94	82.62	16.00	55.10	14.20	24.90	0.05	2.56	0.06	0.20	4.78	357.32	1.79	0.00	0.24	43.98	4.48
眉山	437.59	96.20	16.21	31.20	4.20	19.90	1.70	10.60		2.56		0.08	0.99	163.69	0.45	2.24	0.02	64.21	6.50
宜宾	547.84	123.90	18.57	35.73	6.00	34.10	4.00	7.30		4.85	0.01	1.37	0.70	259.62	1.86	5.52	0.03	32.76	10.30
广安	490.49	103.90	14.63	28.15	7.40	34.50	3.20	10.60		2.64	0.05	0.22	0.76	252.16	0.27	0.07	0.01	16.44	1.77
达州	830.80	125.40	30.43	58.54	8.40	66.10	4.50	28.60		1.86	4.99	0.58	3.21	305.77	0.05	1.00	0.31	23.26	2.63
雅安	174.82	20.60	5.75	11.06	1.50	8.80	0.20	3.20		0.00		0.08	3.19	76.22	0.02	7.47	4.41	5.64	12.13
巴中	454.43	59.20	27.94	53.75	2.20	28.50	1.50	12.80		2.05	0.02	0.37	2.30	109.82	0.09	0.59	0.53	2.65	1.10
资阳	518.77	57.50	22.07	42.46	14.30	24.70	4.30	15.50	0.02	1.09	0.00	0.01	1.11	147.84	0.52			53.66	1.42
阿坝	80.94		3.25	6.25	1.60	5.00		0.70		0.06			0.53	77.72		0.01	6.66		1.53
甘孜	89.28	0.20	6.56	12.63	1.30	4.70	0.01	1.40			0.00		0.31	26.74		0.01	0.92	0.09	0.19
凉山	9728.60	55.50	27.32	52.57	4.60	75.70	0.40	4.10		6.65	0.01	10.92	0.95	285.65	2.59	0.08	45.78	3.02	10.95

表 6.2　四川 2016 年全省主要作物产量及每 100kg 收获物需氮（磷）量表

作物类型		2016 年作物产量/万 t	100kg 收获物需氮量/kg	100kg 收获物需磷量/kg
粮食作物	稻谷	1558.2	2.2	0.8
	小麦	413.4	3	1
	玉米	793.2	2.3	0.3
	豆类	105.8	7.2	0.748
	薯类	531.1	0.66	0.66
	花生	68.8	7.19	0.89
	油菜籽	243.6	7.19	0.887
经济作物	棉花	0.88	11.7	3.04
	甘蔗	49.54	0.08	0.02
	生麻	5.22	3.5	0.37
	烤烟	17.89	0.06	0.53
	中草药材	46.02	0.2	0.2
	蔬菜及食用菌	4388.6	0.43	0.062
	蚕茧	11.07	1	0.9
	茶叶	26.77	6.4	0.88
	苹果	62.73	0.3	0.08
	柑橘	401.69	0.6	0.11
	梨	99.66	0.47	0.23
	其他园林水果	261.93	0.75	0.31

在通过上述公式求得全省的作物总养分需求量后，再根据不同的土壤肥力下作物氮（磷）总养分需求量中需要施肥的比例、粪肥使用的比例和粪肥的当季利用效率，测算四川省（或省内各市）内作物粪肥养分需求量，计算公式如下：

$$A_{n,m}=\frac{A_{n,i}\times FP\times MP}{MR}$$

式中　$A_{n,m}$——区域内植物粪肥养分需求量，t/a；

$A_{n,i}$——区域内植物氮（磷）养分需求量，t/a；

FP ——作物总养分需求中施肥供给养分占比，%，根据 GB/T 25246—2010《畜禽粪便还田技术规范》，施肥养分占养分需求比例一致。区域土壤肥力下作物由施肥创造的产量占总产量的比例根据下表 6.3 来选取；

MP ——农田施肥管理中，畜禽养分需求量占施肥养分总量的比例，%；

MR ——粪肥当季利用率，%，不同区域的粪肥占肥料的比例可根据当地实际情况确定，粪肥氮素当季利用率的取值范围为 25%～30%，磷素当季利用率取值范围为 30%～35%。

四川土壤全氮含量平均可达 1.39g/kg，土壤有效磷平均值可达 15.1mg/kg，参考表 6.3，四川氮、磷养分施肥供给养分占比（*FP*）分别为 35%、55%进行计算；据文献资料，有机肥氮与化肥氮配施比例为 40%～60%时，可以实现作物最高产且不会造成环境污染问题，因此，选取有机氮替代化肥比例为 50%、有机磷替代化肥比例参考文献选取为 52%；粪肥当季氮素、磷素利用率（*MR*）分别按照 27%、32%进行计算。

表 6.3　土壤不同氮（磷）养分水平下施肥供给养分占比推荐值

土壤指标	土壤氮磷分级		
	Ⅰ	Ⅱ	Ⅲ
全氮含量（旱地）/(g/kg)	>1.0	0.8～1.0	<0.8
全氮含量（水田）/(g/kg)	>1.2	1.0～1.2	<1.0
全氮含量（菜地）/(g/kg)	>1.2	1.0～1.2	<1.0
全氮含量（果园）/(g/kg)	>1.0	0.8～1.0	<0.8
有效磷含量/(mg/kg)	>40	20～40	<20
施肥供给占比	35%	45%	55%

（2）四川省畜禽粪污氮（磷）养分供给量。通过四川省 2017 年统计年鉴获取四川省各市的畜禽种类、各种畜禽的存栏量。以猪计算当量值按照如下比例计算：100 头猪相当于 15 头奶牛、30 头肉牛、250 只羊、2500 只家禽。四川非中国奶牛主产区，大多为肉牛，故大牲畜中涉及牛的计算过程均以肉牛计算。具体数据见表 6.4。

表 6.4　不同畜禽（不划分畜禽生长阶段）的氮（磷）养分日排泄量

动物	氮/[kg/(d·头)]	磷/[kg/(d·头)]
猪	30×10^{-3}	4.5×10^{-3}
家禽	1.2×10^{-3}	0.18×10^{-3}
山羊	11.3×10^{-3}	2.35×10^{-3}
绵羊	12.2×10^{-3}	0.92×10^{-3}
马	25.18×10^{-3}	4.1×10^{-3}
肉牛	109×10^{-3}	14×10^{-3}

四川（或省内各市）畜禽粪污养分产生量等于各类畜禽存栏量乘以不同畜禽年氮（磷）排泄量，求和得畜禽粪污养分产生量，计算公式如下：

$$Q_{r,p}=\sum Q_{r,p,i}=\sum AP_{r,i}\times MP_{r,i}\times 365\times 10^{-6}$$

式中　$Q_{r,p}$——四川（或省内各市）畜禽粪便养分产生量，t/a；

$Q_{r,p,i}$——四川（或省内各市）第 i 种畜禽粪便养分产生量，t/a；

$AP_{r,i}$——四川（或省内各市）第 i 种动物年均存栏量，头（只），见表 6.5；

$MP_{r,i}$——第 i 种动物粪便中氮（磷）的日产生量，kg/d·头，本文按照据主要畜禽氮（磷）排泄量推荐值表（表 6.4）进行计算。

四川（或省内各市）内畜禽粪污养分收集量等于粪污养分产生量乘以不同方式比例，再乘以该种收集方式的氮（磷）养分收集率，求和得养分收集量，计算公式如下：

$$Q_{r,c}=\sum Q_{r,c,i}=\sum_{i}\sum_{j}Q_{r,p,i}\times PC_{i,j}\times PL_{j}$$

式中　$Q_{r,c}$——四川（或省内各市）畜禽粪污养分收集量，t/a；

$Q_{r,c,i}$——四川（或省内各市）第 i 种畜禽粪污养分收集量，t/a；

$Q_{r,p,i}$——四川（或省内各市）第 i 种畜禽粪污养分产生量，t/a；

$PC_{i,j}$——四川（或省内各市）第 i 种动物在第 j 种清粪方式所占比例，%，该比例根据文献获得；

PL_{j}——第 j 种清粪方式氮（磷）养分收集率，%，优先采用当地数据。本文按照表 6.6 的推荐值进行计算。

表 6.5　　四川省各市 2016 年不同畜禽存栏量/万头

区域	猪年出栏量/万头	牛存栏量/万头	马存栏量/万头	山羊年存栏量/万头	绵羊年存栏量/万头	家禽出栏量/万只	折算为猪当量/万头
四川省	6925.37	969.53	79.19	1409.04	352.26	67776.89	13770.71
成都	811.53	11.06	0.03	54.21	13.55	9043.12	1237.30
自贡	216.56	7.01	0.05	48.33	12.08	2707.98	372.53
攀枝花	59.40	10.41	0.81	31.27	7.82	399.54	127.74
泸州	351.06	30.59	0.52	30.18	7.55	3662.70	615.93
德阳	333.29	17.56	0	21.09	5.27	6525.92	663.40
绵阳	361.54	40.75	0.69	72.22	18.05	6302.27	787.30
广元	349.25	27.62	0.15	31.38	7.84	1816.70	530.05
遂宁	359.69	10.33	0.03	25.42	6.35	2152.10	492.99
内江	300.50	7.81	0.22	41.68	10.42	2787.26	459.41
乐山	332.21	9.88	0.51	20.58	5.14	3664.56	523.29
南充	589.06	35.43	0.57	119.93	29.98	5906.84	1004.82
眉山	281.72	12.16	0	31.49	7.87	2093.12	421.72
宜宾	439.62	31.54	0.72	31.15	7.79	4080.58	725.35
广安	393.26	14.11	1.09	18.47	4.62	3021.71	573.12
达州	464.96	73.97	0.43	79.54	19.88	6228.79	1001.52
雅安	117.65	13.66	0.97	17.57	4.39	1070.14	217.20
巴中	352.61	48.99	0.01	59.38	14.85	1107.28	589.92
资阳	331.40	5.82	0.15	66.59	16.65	2177.15	471.56
阿坝	43.64	173.99	11.86	81.99	20.50	64.68	696.84
甘孜	23.28	232.39	31.33	80.89	20.22	19.02	917.44
凉山	468.79	137.21	29.04	445.55	111.39	1793.18	1293.26

表 6.6 不同畜禽粪污收集工艺的氮（磷）收集率

粪污收集工艺	氮收集率/%	磷收集率/%
干清粪	88	95
水冲清粪	87	95
水泡粪	89	95
垫料	84.5	95

四川（或省内各市）畜禽粪肥养分供给量等于畜禽粪污养分收集量乘以不同处理方式比例，再乘以该处理方式的养分留存率，求和得区域内畜禽粪肥养分供给量，计算公式如下：

$$Q_{r,Tr}=\sum Q_{r,Tr,i}=\sum Q_{r,c,i}\times PC_{i,k}\times PL_k$$

式中 $Q_{r,Tr}$——四川（或省内各市）畜禽粪污处理后养分供给量，t/a；

$Q_{r,Tr,i}$——四川（或省内各市）第 i 种畜禽粪污处理后养分供给量，t/a；

$PC_{i,k}$——四川（或省内各市）第 i 种动物在第 k 种处理方式所占比例，%（本文中按照厌氧发酵 7%，堆肥 1%，固体储存按照 92%计算）；

PL_k——第 k 种处理方式氮（磷）养分留存率，%，本文计算参照表 6.7。

表 6.7 不同畜禽粪污处理方式的的氮（磷）养分留存率

粪污处理方式	氮留存率/%	磷留存率/%
厌氧发酵	95	75
堆肥	68.5	76.5
氧化塘	75	75
固体贮存	63.5	80
沼液贮存	75	90

（3）单位猪当量粪肥养分供给量。单位猪当量供给量等于四川（或省内各市）总的粪肥养分供给量除以折算成猪当量的四川（或省内各市）畜禽总

存栏量，计算公式如下：

$$NS_{r,a}=\frac{Q_{r,Tr}\times 1000}{A}$$

式中 $NS_{r,a}$——单位猪当量粪肥养分供给量，kg/(猪当量/a)；

$Q_{r,Tr}$——四川（或省内各市）畜禽粪污总养分供给量，t/a；

A——四川（或省内各市）饲养的各种动物戈恩局猪当量换算系数折算成猪当量的饲养总量，猪当量。

（4）四川畜禽粪污土地承载力指数。四川（或省内各市）畜禽养殖配套耕作面积等于畜禽养殖粪污养分处理后的留存量除以单位面积的植物粪肥养分需求量，计算公式如下：

$$S2=\frac{Q_{r,Tr}\times S1}{A_{n,m}}$$

式中 $S2$——四川（或省内各市）畜禽养殖的理论配套耕作面积，hm^2；

$S1$——四川（或省内各市）现有的配套耕作面积（来源于四川省2016年统计年鉴）；

$Q_{r,Tr}$——四川（或省内各市）畜禽粪污总养分供给量，t/a；

$A_{n,m}$——区域内植物粪肥养分需求量，t/a。

四川（或省内各市）畜禽粪污土地承载力指数等于四川（或省内各市）现有的配套面积与四川（或省内各市）理论上的配套面积之间的比值，计算公式如下：

$$I=\frac{S1}{S2}$$

式中 I——四川畜禽粪污土地承载力指数；

$S1$——四川（或省内各市）现有的配套耕作面积（来源于四川省2016年统计年鉴）；

$S2$——四川（或省内各市）理论上的配套耕作面积。

当 $I>1$ 时，表明该区域畜禽养殖量不超载；当 $I<1$ 时，表明该区域畜禽养殖超载，需要调减养殖量。

2. 区域内土地可承纳的粪肥氮（磷）总量

根据《2017四川省统计年鉴》公布各市的各类粮食作物和经济作物的总

产量，通过上述计算过程得到四川省（各市）的植物总养分需求及粪肥养分需求量。具体计算结果见表6.8。

表6.8　　四川省（各市）2016年植物总养分及粪肥需求量

区域	植物总N需求量/(t/a)	植物总P需求量/(t/a)	粪肥N需求量/(t/a)	粪肥P需求量/(t/a)
成都	126626.57	27183.69	82072.78	24295.42
自贡	46517.11	11176.08	30149.98	9988.62
攀枝花	9343.30	2636.45	6055.84	2356.33
泸州	58172.82	15826.01	37704.61	14144.49
德阳	68920.35	16281.57	44670.60	14551.65
绵阳	87998.22	18901.48	57035.89	16893.19
广元	59751.21	12349.32	38727.64	11037.20
遂宁	52621.19	10876.75	34106.33	9721.10
内江	59476.52	12903.46	38549.60	11532.46
乐山	37439.44	9191.58	24266.30	8214.98
南充	118211.57	24486.81	76618.61	21885.09
眉山	58841.97	14239.52	38138.31	12726.57
宜宾	72594.37	18026.90	47051.91	16111.54
广安	62737.03	14810.88	40662.89	13237.23
达州	100476.94	21750.91	65123.94	19439.88
雅安	21931.63	4624.15	14214.95	4132.84
巴中	52463.73	11898.21	34004.27	10634.03
资阳	64551.95	12849.17	41839.23	11483.95
阿坝	7947.64	1328.15	5151.25	1187.03
甘孜	8306.21	1502.44	5383.66	1342.81
凉山	57635.21	14086.85	37356.15	12590.12
全省	1218511.94	275150.47	789776.26	245915.73

根据表6.8，四川省全省2016年植物的总氮需求量达到121.85万t，总磷需求量达到275.15万t；相应的植物粪肥氮需求量达到789.78万t，占全省植物总氮需求量的64.81%，植物粪肥磷需求量达到245.92万t，占全省植物总磷需求量的89.37%；植物粪肥总氮及总磷需求量最大的三个城市从大到小依次均为成都、南充、达州；植物粪肥总氮及总磷需求量最小的三个城市从小到大小依次均为甘孜、阿坝、攀枝花。

3. 区域内畜禽粪污氮（磷）养分供给量

根据《2017四川省统计年鉴》公布的2016年年底各市畜禽存栏量，通过上述计算过程计算得出四川省畜禽粪污养分产生总量、畜禽粪污养分收集量、畜禽粪肥总养分供给量以及单位猪当量养分供给量。具体计算结果见表6.9。

表6.9　四川省（各市）2016年畜禽粪污粪产生量、收集量及供给量

区域	畜禽粪污养分产生量/(t/a)		畜禽粪污养分收集量/(t/a)		畜禽粪污养分供给量/(t/a)		猪当量粪污养分供给量/[kg/(猪当量·a)]	
	N	P	N	P	N	P	N	P
成都	135713.66	20346.80	119048.02	17848.21	78280.03	14209.86	6.33	1.15
自贡	40899.10	6150.20	35876.69	5394.96	23590.72	4295.20	6.33	1.15
攀枝花	14108.30	2076.70	12375.80	1821.68	8137.71	1450.33	6.37	1.14
泸州	68282.68	10027.73	59897.57	8796.32	39385.65	7003.19	6.39	1.14
德阳	73169.57	10857.72	64184.34	9524.39	42204.42	7582.84	6.36	1.14
绵阳	87250.87	12851.59	76536.46	11273.42	50326.55	8975.33	6.39	1.14
广元	58845.82	8639.10	51619.55	7578.22	33942.44	6033.40	6.40	1.14
遂宁	54256.03	8089.49	47593.39	7096.10	31295.03	5649.56	6.35	1.15
内江	50423.47	7561.83	44231.47	6633.23	29084.40	5281.05	6.33	1.15
乐山	57483.12	8570.43	50424.19	7517.98	33156.43	5985.44	6.34	1.14
南充	110803.77	16504.47	97197.07	14477.72	63911.93	11526.44	6.36	1.15
眉山	46503.32	6920.33	40792.72	6070.51	26823.25	4833.04	6.36	1.15
宜宾	80257.36	11817.53	70401.75	10366.33	46292.67	8253.16	6.38	1.14

续表

区域	畜禽粪污养分产生量/(t/a)		畜禽粪污养分收集量/(t/a)		畜禽粪污养分供给量/(t/a)		猪当量粪污养分供给量/[kg/(猪当量·a)]	
	N	P	N	P	N	P	N	P
广安	62978.42	9355.84	55244.67	8206.95	36326.13	6533.96	6.34	1.14
达州	111829.60	16264.58	98096.93	14267.29	64503.63	11358.90	6.44	1.13
雅安	24013.84	3513.46	21064.94	3082.01	13851.25	2453.74	6.38	1.13
巴中	66062.66	9581.86	57950.16	8405.21	38105.13	6691.81	6.46	1.13
资阳	51641.41	7800.38	45299.85	6842.49	29786.91	5447.65	6.32	1.16
阿坝	79668.35	10599.77	69885.08	9298.12	45952.93	7402.70	6.59	1.06
甘孜	102204.99	13500.57	89654.21	11842.70	58952.13	9428.57	6.43	1.03
凉山	139781.51	20519.77	122616.34	17999.94	80626.38	14330.66	6.23	1.11
全省	1521998.41	222275.61	1335097.01	211161.83	877893.04	168116.49	6.38	1.22

从表6.9可以看出，就四川省总体而言，猪当量粪污氮养分供给量可达6.38kg/猪当量，猪当量粪污磷养分供给量可达1.22kg/猪当量。2016年四川全省畜禽粪污氮养分产生量为152.20万t，磷养分生产量为22.22万t。畜禽粪污氮养分产生量最高的五个城市依次均为凉山、成都、达州、南充、甘孜，畜禽粪污磷养分产生量最高的五个城市依次均为凉山、成都、南充、达州、甘孜，畜禽粪污氮养分产生量最低的五个城市依次均为攀枝花、雅安、自贡、眉山、内江。由此可见，即四川省的畜禽粪污氮、磷养分产生量的最大值大多分布于川西南至川东北中轴带，而最小值则大多分布于川中及川东南地区。这也符合四川省的农牧产业的地域分布特征——川西南地区畜牧业发达，而其余地区种植业相对发达，该分布特征主要是受到了四川省内地形的影响。畜禽粪污氮磷养分在局部地区的集中产生和排放，给四川的水环境形成了更为严峻的压力。因此，在养殖业污染防治上，要格外重视家禽养殖场粪便和生猪养殖场污水的综合利用和污染治理。

此外，根据畜禽饲养量以及产排污系数，四川省畜禽粪便氮养分产生总量为152.20万t，其中，猪粪便养分产生量最多，为75.83万t，占总量的

49.82%；其次是牛的粪便产生量，为38.57万t，占总量的25.34%；家禽的粪便产生量第3，为29.69万t，占总量的19.51%。猪、家禽和牛的粪便产生量占总量的94.67%，其余畜禽的粪便产生量占比较低。

4. 区域内畜禽粪污土地承载力指数

四川省以畜禽粪肥氮养分为需求最大养殖量（猪当量）为12388万头，以畜禽粪肥磷养分为需求最大养殖量（猪当量）为20143万头。四川省以畜禽粪肥氮养分为需求最大养殖量（猪当量）前三的城市均为成都、南充、达州；四川省以畜禽粪肥氮养分为需求最小养殖量（猪当量）前三的城市为攀枝花、阿坝、甘孜（图6.1）。

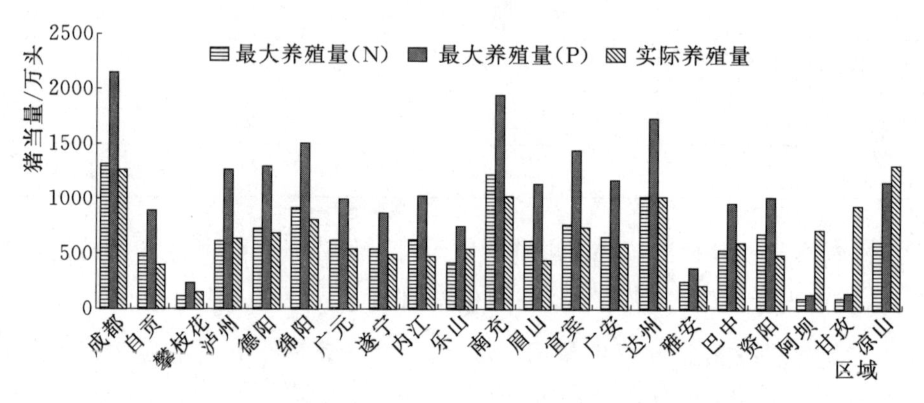

图6.1　四川省（各市）最大养殖量及实际养殖量

比较而言，基于氮计算的城市的承载力值要明显高于基于磷计算的城市。究其原因，土地对磷的承载力小于对氮的承载力，虽然一般畜禽的粪便磷产生系数小于粪便氮，但最终基于磷的允许总量小于基于氮的允许总量。因此，无论以氮计算还是以磷计算，均会有部分城市处于超负荷状态。需要注意的是计算中假定了将一个城市的所有畜禽粪便均匀分布到该省的耕地面积上，也即畜禽养殖在全市为均匀分布。然而，实际中的畜禽养殖往往集中在某些特定区域，这意味着其畜禽养殖更可能超过其允许总量，超负荷的城市也可能会更多，从而给当地土地和水环境造成的压力也更大。

5. 养殖场配套土地承载力测算

通过计算单位面积植物养分需求量、单位面积植物粪肥养分需求量，进而求出区域配套土地面积以及养殖场配套土地承载力指数。计算过程的各项数据见表6.10。

表6.10　　四川省（各市）2016年单位面积作物粪肥养分需求量、配套种植面积及承载力

区域	单位面积作物平均需N量	单位面积作物平均需P量	区域配套种植面积(N)/hm^2	区域配套种植面积(P)/hm^2	承载力(N)	承载力(P)
成都	0.09	0.03	845313.64	518359.76	1.05	1.71
自贡	0.10	0.03	245461.01	134898.15	1.28	2.33
攀枝花	0.09	0.03	95314.12	43657.86	0.74	1.62
泸州	0.08	0.03	508273.92	240914.47	0.96	2.02
德阳	0.10	0.03	433923.97	239330.08	1.06	1.92
绵阳	0.09	0.03	586394.26	353085.21	1.13	1.88
广元	0.09	0.03	379121.50	236460.84	1.14	1.83
遂宁	0.08	0.02	381260.61	241479.86	1.09	1.72
内江	0.08	0.03	342792.10	208060.02	1.33	2.18
乐山	0.07	0.02	489756.93	261159.74	0.73	1.37
南充	0.08	0.02	767782.91	484772.04	1.20	1.90
眉山	0.09	0.03	307763.64	166179.09	1.42	2.63
宜宾	0.09	0.03	539000.01	280631.76	1.02	1.95
广安	0.08	0.03	438178.48	242108.26	1.12	2.03
达州	0.08	0.02	822886.60	485444.08	1.01	1.71
雅安	0.08	0.02	170347.13	103793.89	1.03	1.68
巴中	0.07	0.02	509233.52	285964.82	0.89	1.59
资阳	0.08	0.02	369331.81	246089.33	1.40	2.11
阿坝	0.06	0.01	722044.11	504766.44	6.56	9.86
甘孜	0.06	0.02	977633.96	626881.47		
凉山	0.05	0.02	1510583.57	796646.91	0.46	0.88
全省	0.08	0.03	10814037.65	6650807.16	0.90	1.46

通过表6.10可以看出，全省理论上的配套种植面积应为1081万hm^2，以氮或磷计算的各市理论最大配套种植面积从大到小依次均为凉山、甘孜、成都、雅安、南充。以氮为基准计算后，四川全省总体上配套种植面积不足，配套种植面积承载力不足的城市有攀枝花、泸州、乐山、巴中、阿坝、甘孜、凉山。以磷计算的配套面积承载力不足的城市有阿坝、甘孜、凉山。但由于阿坝和甘孜属于川西北地区，该区域的牧区主要分布于高原和山原区域，而我们计算所用的数据仅为播种面积。所以在核算川西北消纳能力时，需考虑高山草原的粪污消纳能力。该区域的草地总面积可达16457万亩。所以甘孜和凉山区域总的配套土地承载力指数为6.56（以氮为基准）和9.86（以磷为基准）。即现有的配套面积足以消纳该区域所产生的畜禽粪污。

其他承载力大于1的城市，也存在承载力不足的风险。以氮为基准计算的话，未超载的各市畜禽粪污土地承载力指数均接近1，表明若该地的畜禽养殖业排放养分氮仍继续直接还田的话，那么已经与该市的耕地承载力基本持平，应及时采取农业面源污染防范措施。而且在配套面积的承载力计算过程中，我们只是选取了年鉴数据中主要的几种畜禽种类进行粪污核算，实际上的畜禽粪污排放量应该略大于我们所估算的值，相应的配套面积承载力的值也应该会更小。

畜禽粪便和养殖废水已经对三峡库区上游的湖库、地下水等水体形成了巨大的污染威胁。在当前的经济技术状况下，畜禽粪便中的氮磷还难以有效去除，而土地对畜禽粪便氮磷的承载能力有限，而且畜禽粪便及其处理剩余物长途运移相对不易，因此，理论上对畜禽粪污土地承载力超标的土地进行畜禽养殖总量控制是避免造成严重面源污染的必要措施。

总体而言，2016年，以氮素为基准，全省畜禽养殖允许总量为1.24亿头猪当量，实际总量1.38亿头猪当量，总量使用率为111.29%；以磷素为基准，全省畜禽养殖允许总量为2.01亿头猪当量，远远高于以氮素为基准的允许总量，超过了允许总量。分市来看，以氮素为基准，那么畜禽养殖实际总量超过允许总量的省份主要分布在川东北至川西南中轴带地区，包括成都、攀枝花、泸州、乐山、阿坝、甘孜、凉山地区；自贡、内江、资阳、眉山则是允许总量盈余最大的四个地区；以磷素为基准，则只有阿坝、甘孜及凉山地区的实际总量超过其允许总量。需要说明的是，由于数据资料的限制，我们在计算最大允许总量时，没有考虑由于沼气发酵等畜禽粪便处理技术对氮磷的去除作用。如果考虑畜禽粪便处理技术可以去除一部分氮磷，那么允许总量还将会有所提高；另外，我们也没有考虑其他人工林对畜禽粪污的消纳影响，如果加入对人工林的消纳量的影响，允许总量可能也会随之提高。倘若氮磷去除率较高的处理技术今后得到了广泛推广，那么粪便处理将不再是畜禽养殖总量的限制因素。但化肥施用依然是一个需要特别关注的因素。

最后我们也对配套面积承载力指数进行了计算。以氮为基准的计算结果显示，就全四川省而言，目前的配套耕地面积不足以消纳全省的粪污排放量。攀枝花、泸州、乐山、巴中、凉山五市的配套耕地面积也呈现出不同程度的消纳能力滞后。而以磷为基准的计算结果显示只有凉山呈现出配套土地不足的现象。

目前四川养分氮磷中的很大一部分来自于化肥施用。那么耕地对畜禽粪便的承载力会大幅降低，相应地畜禽养殖允许总量也会降低，届时将有更多区域处于赤字状态。进一步地，定量分析实际上假定了所有畜禽粪便均可以施入耕地，然而，现实中很多养殖场集中在特定区域，附近没有足够的配套耕地，那么其超限程度势必更加严重，对其畜禽总量进行调控更加必要。从畜禽粪便污染防治来看，对畜禽养殖集中区域，根据其水环境现状、土壤类别、耕作管理、养殖结构、畜禽粪便处理技术状况确定允许养殖总量进行整体调控；进一步地，需要确保区域内部规模养殖场的合理布局，避免局部污染负荷超限；最后还需要辅以必要的经济制度以促进粪便及其处理剩余物能够进耕地进行消纳，使得氮磷等营养元素循环利用，减少畜禽粪便带来的污染威胁。

第二节　以种养结合为核心的农业面源污染物控制模式

随着人民生活水平的不断提高，现代畜牧业迅猛发展，而随之带来的环境压力也越来越突出，畜禽粪污的排放造成水体中化学需氧量、总氮和总磷的污染。第一次全国污染源普查资料显示，畜禽养殖业化学需氧量排放产量已经占农业源总量的 96%；总氮和总磷排放达 102.48 万 t 和 16.04 万 t，分别占全国污染物排放总量的21.67%和37.90%，畜禽粪污已成为继工业废水和生活污水以外另一重要的污染源。事实上，畜禽养殖废弃物含有丰富的氮磷养分，而目前种植业与养殖业高度的集约化、区域化、规模化，割裂了种养体统的物质与能量循环，造成了资源浪费、能量高耗和环境污染等负面影响。如能将种植与养殖相结合，则一方面可有效解决畜禽养殖污染问题，另一方面也可减少农业种植化肥的施用，降低农业种植过程中氮元素的流失。本章节列举了项目在四川省中江市建设的三个种养结合的示范工程，及其带来的环境与经济效益。

1. 模式一："沉渣池+生物基质池+绿狐尾藻植物塘"工艺

（1）养殖场概况。响滩村养殖场位于德阳市中江县仓山镇响滩村，目前的生猪存栏量为200～400头。该养殖场废水有机物浓度高、氨氮浓度高、恶臭严重（表6.11），采用常规工艺进行处理难以实现氨氮达标排放。通过对养猪场排放废水的现场观察分析，养殖场选用工艺操作简单、运行费用较低，处理后出水水质效果良好的工艺，并且充分考虑该处理系统以后的升级因素（规模的扩大或水质变化）最终确定该系统采用："沉渣池+生物基质池+绿狐尾藻植物塘"工艺。

表6.11　　进　水　水　质

项　目	COD_{Cr}	BOD_5	NH_3-N	SS	pH值
指标/(mg/L)	10000	5000	500	2000	6～8

（2）粪污处理工艺流程。养殖场的粪污经过沉渣池、生物基质池与生态湿地多重降解净化过程，最终排放的水中污染物浓度大大降低，可以达到国家GB 18596—2001《畜禽养殖业污染物排放标准》，具体工艺流程图如图6.2所示。工艺流程的技术要点如下：

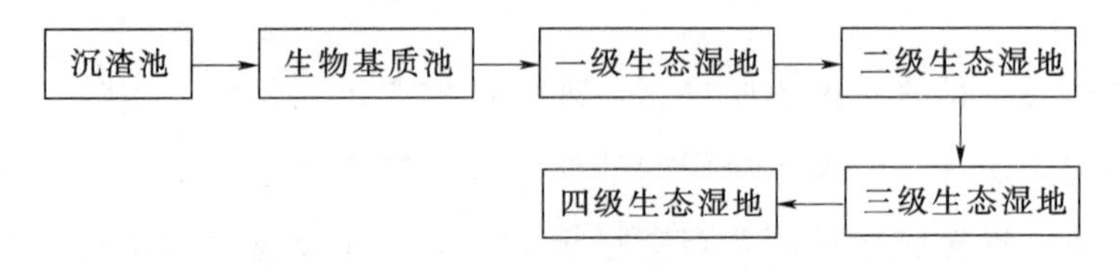

图6.2　养殖废水低污染排放治理工程工艺流程图

四川丘区典型小规模生猪养殖场

1）干湿分离系统。根据项目区示范点生猪养殖规模以及生猪养殖粪污排放现状（冲洗式），将生猪养殖废水通过排放沟渠，引入干湿分离池（容积为 $6m^3$），通过简单发酵后，对猪粪进行干湿分离，固体废弃物采用人工清除施入农田，液体废弃物进行分流，一部分进入沼气发酵池，用于供电；另一部分通过封闭运输管道，进入下一级处理的生物基质消纳系统。

2）生物基质消纳系统。生物基质消纳系统（简称“基质池”）的技术参数和空间布设要求，主要包括：深度为 70～150cm，根据存栏猪头数确定面积大小。稻草基质池在保证总容积大小的基础上可以由多个池子串联。基质池墙体和底部要求具有防渗功能，其中墙体材质为砖混结构，厚度 15～20cm，底部为混凝土打底，厚度 10～15cm。稻草基质池的形状可以是圆形、

生猪养殖粪污干湿分离系统

生猪养殖粪污重力管道封闭运输系统

生猪养殖粪污重生物基质消纳系统

方形或不规则形，空间布局也可根据实际土地情况灵活掌握。本工程中生物基质消纳系统为两级生物基质池串联，总容积为 $75m^3$。

3）生态湿地消纳系统。经过生物基质消纳系统处理的养殖废水，可进入下一步的三级湿地消纳系统（图 6.3），湿地总的面积可根据养殖规模和上述技术参数进行确定。湿地深度：以狐尾藻作为饲料的湿地控制水深 15～50cm（参见上述技术参数），作为养殖的湿地水深应根据养殖动物（鱼、膳、鳅等）的适宜深度（50～200cm）。跌水坎各部位均采用混凝土构筑，跌水下

端设置防冲设施；底部为土质，但要适当夯实，防止池水过多渗漏。各级湿地之间可以毗连，也可以隔开一定距离，由管道连接，上下级之间保持10～20cm的落差，保证从上到下能够自流。湿地的形状不限，可以根据实际情况设置为方形、圆形或不规则形。

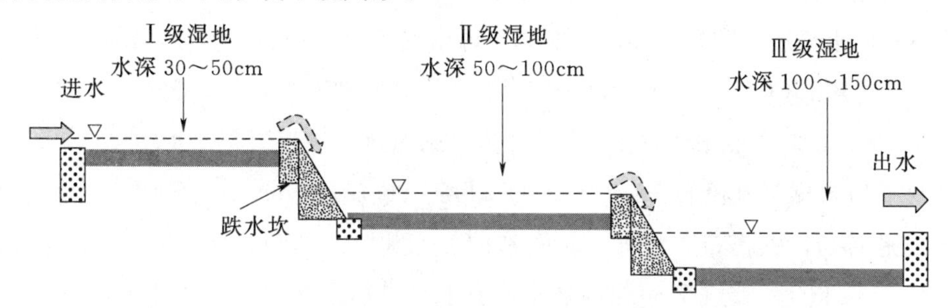

图6.3　多级湿地消纳系统示意图

生猪养殖粪污生态湿地消纳系统

（3）养殖废水低污染排放治理效果。生猪养殖废水处理工程水质监测时段为2016年1—9月；监测频率为每月监测1次，共计监测9次；监测点位为养殖场养殖废水示范工程的进水口和出水口两个监测点。监测指标主要包括化学需氧量、总氮、总磷、硝态氮和铵态氮共计5个指标。

示范工程经稳定运行后，根据2016年1—9月连续9个月的监测结果分析可知，生猪养殖场养殖废水处理系统示范工程年处理生猪养殖粪污 73t。养殖废水中的污染物以化学需氧量和总氮为主，二者均值是其他污染物均值的 4～14 倍。

经过干湿分离—生物基质消纳系统—生态湿地消纳系统后，考核断面（出水口）的水质有了明显好转。由图 6.4 可以看出，与进水口比较，水体中硝态氮、铵态氮、COD_{Cr}、总磷和总氮的平均含量分别降低 90.69 倍、629.02 倍、65.81 倍、173.34 倍和 202.26 倍，水体中硝态氮、铵态氮、COD_{Cr}、总磷和总氮的平均浓度分别降低 98.91%、99.84%、98.50%、99.43%和 99.51%。水质监测期间，铵态氮、COD_{Cr}、总磷的浓度均在 1.95mg/L、37.06mg/L 和 1.27mg/L 以下，低于集约化畜禽养殖业水污染物最高允许日均排放浓度的国家标准：铵态氮 80mg/L，COD_{Cr} 400mg/L 和总磷 8mg/L。监测期间，COD_{Cr}、总磷和总氮的平均浓度为 22.55mg/L，0.65mg/L 和 7.56mg/L，低于 GB 18918—2002《城镇污水处理厂污染物排放标准》，COD 50mg/L，总磷 1.0mg/L 和总氮 15mg/L。年减排 COD 约 3.54t，总氮约 4.05t，总磷约 0.21t。

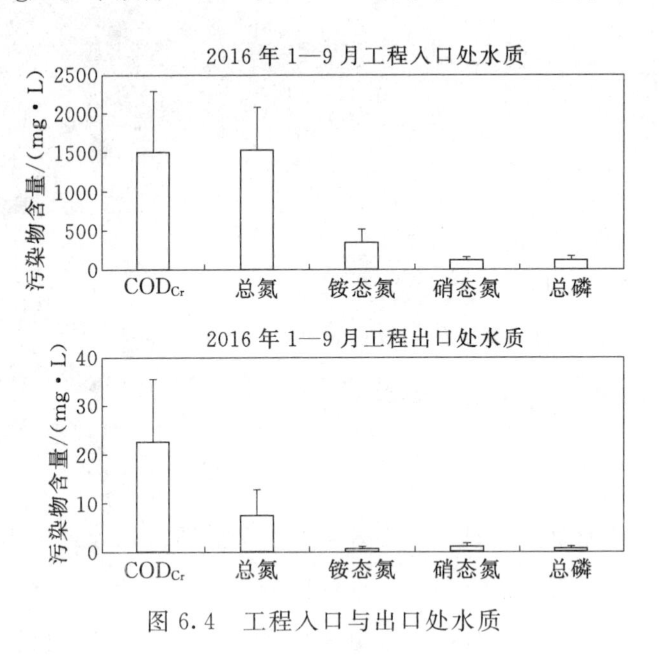

图 6.4　工程入口与出口处水质

规模以下生猪养殖场养殖废水低污染排放治理总体实现了工程设计预期目标，运行稳定，管理维护成本低，且该工程中养殖废水转运方式无动力重力密闭式PE管道运输，污水存贮池均有密封技术处理，既实现了规模以下生猪养殖场养殖废水低污染排放，又抑制了有毒有害气体扩散，对于推动养殖业健康发展和保障乡村生态环境具有显著效果。同时，该工程中水生植物绿狐尾藻不仅能作为家禽养殖（鸭和鹅）绿色饲料，还能通过在三级和四级生态湿地蓄水进行鱼类养殖，延伸和拓展了示范工程的经济效益。

（4）生猪养殖固体废弃物农田消纳的种养结合生产管理技术。为了充分利用生猪养殖固体废弃物、降低化肥施用量与生产成本、尽可能减少环境污染，设计了有机肥还田的试验，在保障作物产量的稳产及增收的基础上，确定合理的有机肥与无机肥的配比，明确对经济效益的影响，为养殖业废弃物的农田合理利用提供理论依据。

试验在中江县仓山镇响滩村进行，供试土壤为紫色土，品种为成单30，有机肥为绿安有机肥（全氮含量2.92%，全磷0.567%，全钾0.408%，有机质49.05%），种植模式为小麦/玉米/大豆。试验采用单因素随机区组设计。共设置七个处理见表6.12，每处理3重复，小区面积6m×4m。试验处理见表6.12。玉米育苗移栽，覆膜栽培。双三0玉米带种植2行，行距40cm，株距20cm，密度3333株/亩。玉米60株/(行·小区)，120株/小区。各个处理磷钾肥施肥量一致，P_2O_5 6kg/亩，K_2O 6kg/亩，磷钾肥不足部分用过磷酸钙和氯化钾补足。磷钾肥和有机肥全部作底肥，氮肥尿素的基肥、苗肥、追肥比例为2∶3∶5，分别在移栽前、五展叶期和十展叶期施用。其他管理措施同当地一般高产田。

表6.12　　　试验设计

编号	处　理
T1（CK）	不施氮肥处理
T2	化肥氮100%
T3	化肥氮90%+10%有机氮
T4	化肥氮80%+20%有机氮
T5	化肥氮70%+30%有机氮
T6	化肥氮60%+40%有机氮
T7	化肥氮50%+50%有机氮

1）养殖固体废弃物还田对玉米实际倒伏情况的影响。由图6.5所示，四川丘陵区春玉米倒伏主要是以根倒伏为主，其比例占总倒折的82%以上，而茎折的比例较低。不同处理之间，氮素提到率达到50%时，玉米的根倒伏率最大；2013年T7较T5处理根倒率显著增加，增幅为16.15%；2014年度，T7较T2处理根倒率显著增加，增幅为6.66%。

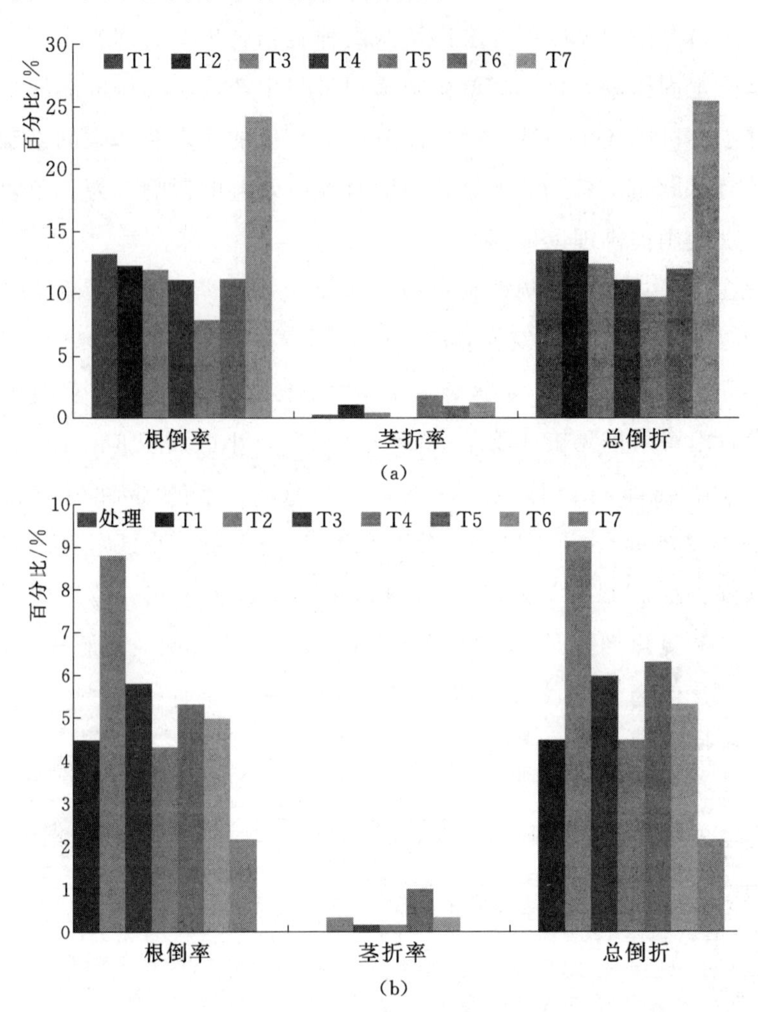

图6.5　2013年和2014年度玉米茎秆实际倒伏情况

2）养殖固体废弃物还田对玉米干物质积累的影响。由表6.13可知，与不施N肥T1处理相比，各个有机无机配施处理均能提高玉米单株茎秆叶片、籽粒和穗轴生物量，从而提高累计生物量；但不同有机无机配施处理对生物量的影响各异。与常规施肥 T2 处理相比，各个有机无机配施处理对茎秆叶片、籽粒的影响无显著差异。

表 6.13　　不同处理对玉米干物质积累的影响　　单位：g/株

处理	茎秆叶片		籽　粒		穗　轴		累　计	
	2013 年	2014 年	2013 年	2014 年	2013 年	2014 年	2013 年	2014 年
T1	129.78b	97.33c	153.10b	146.44b	18.77b	20.57ab	301.64b	264.34d
T2	169.78a	128.33ab	162.83ab	188.58a	21.23ab	19.87b	353.85a	336.78bc
T3	153.22ab	142.22a	151.83b	192.55a	19.90ab	20.90ab	324.96ab	355.67ab
T4	155.67ab	123.89ab	177.77a	195.47a	23.70a	21.07ab	357.13a	340.42abc
T5	152.89ab	119.22abc	155.50ab	198.21a	19.53b	22.17a	317.92ab	339.60abc
T6	152.78ab	141.22a	162.87ab	203.52a	19.80ab	22.27a	335.44ab	367.01a
T7	168.89a	113.66bc	163.83ab	192.38a	20.73ab	20.83ab	353.45a	326.88c

3）养殖固体废弃物还田对玉米产量及产量构成的影响。由表 6.14 可知，与不施 N 肥 T1 处理相比，各个有机无机配施处理均显著提高玉米籽粒产量。与常规施肥 T2 处理相比，各个有机无机配施处理在不同年度间对玉米产量影响变化规律不一致，2013 年各个有机无机配施处理均显著提高玉米产量，且较 T2 分别增产 3.50%、4.79%、6.53%、5.11%和 2.17%；但 2014 年无显著差异。

表 6.14　　不同处理对玉米产量及产量构成的影响

处理	产　量		有效穗/(穗/hm^2)		穗粒数/粒		百粒重/g	
	2013 年	2014 年	2013 年	2014 年	2013 年	2014 年	2013 年	2014 年
T1	415.62d	414.21b	3148.33b	4380b	595.13a	570.33c	26.20c	27.39b
T2	476.93d	579.19a	3231.33ab	4700a	614.87a	635.67b	27.83b	31.14a
T3	493.15abc	567.16a	3296.00a	4590b	590.20a	651.27ab	28.74ab	31.73a
T4	499.76ab	604.73a	3222.00ab	4730a	585.75a	633.07b	28.76ab	32.90a
T5	508.08a	626.28a	3212.67ab	4840a	579.07a	640.87ab	29.68a	33.17a
T6	501.28ab	625.05a	3231.33ab	4710a	591.67a	681.47a	29.12ab	30.65a
T7	487.26bc	603.46a	3277.67ab	4830a	588.87a	643.33ab	29.03ab	31.94a

4）养殖固体废弃物还田对氮素吸收利用的影响。不施氮肥处理的小麦的氮素累计吸收显著低于各个施肥处理。与常规施肥T2相比，氮素替代10%～30%，对小麦籽粒、秸秆和植株的氮素吸收无显著影响，但氮肥替代率为40%和50%，小麦籽粒氮素吸收显著下降19.12%和19.08%（表6.15）。

表6.15　　不同处理对作物氮素吸收的影响　　单位：kg/亩

处理	小　麦			玉　米		
	秸秆	籽粒	植株	秸秆	籽粒	植株
T1	0.48c	2.98c	3.46b	1.43c	4.22b	5.65c
T2	1.34ab	5.43a	6.77a	4.32ab	7.24a	11.57a
T3	1.24ab	4.68ab	5.92a	4.34ab	6.78ab	11.12ab
T4	1.77a	5.05ab	6.81a	3.86ab	7.11a	10.97ab
T5	1.24b	4.80ab	6.03a	4.56a	6.78ab	11.33a
T6	1.50ab	4.40b	5.89a	3.44ab	5.27ab	8.70ab
T7	1.20b	4.40b	5.60a	2.95b	5.36ab	8.31bc

由此表明，在长期持续大量氮肥投入背景下，短期时间内，通过发挥有机肥资源的氮肥替代效应，可以减少化肥氮肥投入10%～50%，经过充分腐熟的商品有机肥能提供与无机化肥相当的氮素营养，并实现玉米稳产且推动农业废弃物资源循环利用，达到种养结合的生产目的。

2. 模式二："干湿分离＋厌氧发酵＋异位发酵"工艺

（1）养殖场概况。骑龙乡村养殖场位于德阳市中江县仓山镇，生猪存栏量800头。

（2）粪污处理工艺流程。该养殖场采用的是目前国内外最新的粪污处理工艺技术："干湿分离＋厌氧发酵＋异位发酵"工艺，处理后的养殖废水水质大大提高，具体的工艺流程如图6.6所示。

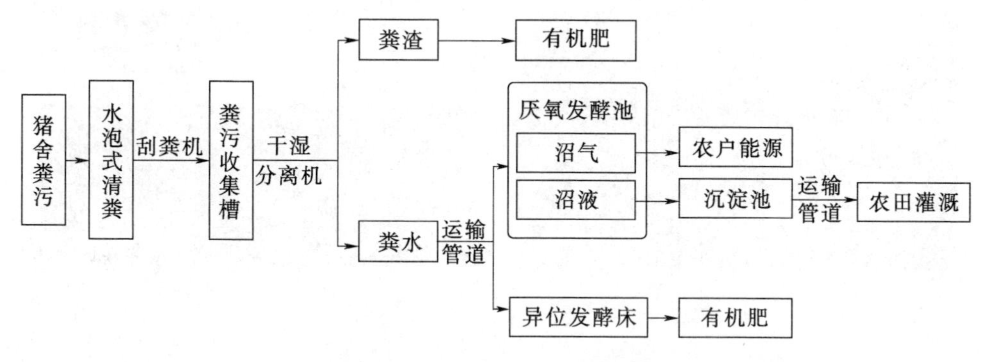

图 6.6 “干湿分离＋厌氧发酵＋异位发酵”工艺流程图

养殖场采用水泡式清粪技术，其工艺是在猪舍内排粪沟注入一定量的水，粪尿、冲洗水和饲养管理用水一并排放至缝隙地板下的粪沟中，粪沟为尾端封闭的沟渠，待粪沟装满后，打开闸门用刮粪机将沟中粪水一并刮地下的粪污收集槽（10 多 m^3）。粪污收集槽上方装有干湿分离机，对粪污收集槽中的粪污进行干湿分离，分离后的粪渣直接运往有机肥厂进行堆肥处理；粪水通过运输管道进入地下的厌氧发酵池进行厌氧发酵或进入异位发酵床进行异位发酵。

干湿分离后的粪水进入地下的厌氧发酵池进行厌氧发酵，发酵完成后的沼气装入贮气罐，供给附近农户；沼液部分通过排入一、二、三级沉淀池，进行物理沉淀与自然净化，经监测符合农田灌溉标准后的沼液通过管道排入农田，进行作物灌溉。沼气池无法消纳的粪水通过管道进入异位发酵床。在发酵床上粪水和垫料（谷壳、木屑和秸秆等）充分混合，在微生物作用下进行充分发酵，粪水中的粗蛋白、尿素等有机物质进行降解或分解成氧气、二氧化碳、水，腐基质等，同时产生热量，通过翻抛实现连续有氧发酵，混合物中的水分蒸发，留下少量的残渣变成有机肥。同时，异位发酵床技术做到猪只与垫料彻底分离，有效克服了原位发酵床（接触式）对生猪健康生长的负面影响（图 6.7）。

总体而言，本工程实现了大规模生猪养殖场养殖废水低污染排放治理，目前运行稳定。此养猪场通过配套沼气工程系统，实现了农业废弃物最大限度的利用，方便了农民的生产生活，改善了生态环境。此外，工程还引入了

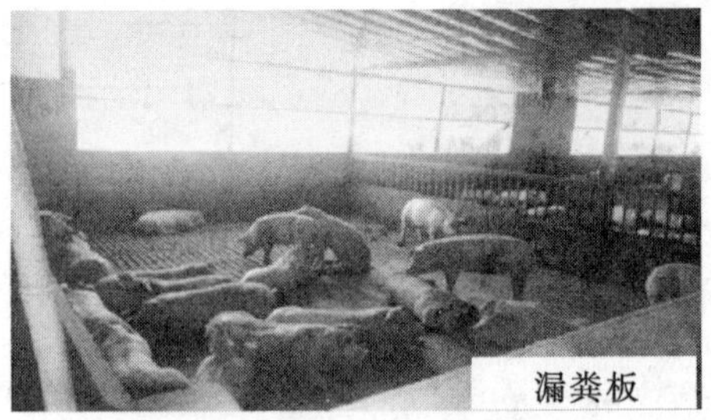

图 6.7 “干湿分离＋厌氧发酵＋异位发酵”工艺

异位发酵床技术，不仅解决粪污水对环境的污染，做到了畜禽粪便的全部资源化利用；而且还给猪场提供一个良好的饲养环境，减少疾病的发生、利于猪群的生长。此外，同等养殖规模下，异位发酵床技术综合效益、土地利用率高于其他模式，带来的环境与经济效益十分可观。

3. 模式三："干湿分离+槽式发酵+污水处理"工艺

(1) 养殖场概况。仓山温氏元兴种猪场位于德阳市中江县仓山镇元兴乡，种猪场占地180余亩，于2009年建成并投产，作为广东温氏集团下辖的中江仓山温氏畜牧有限公司首个父母代猪场，其在"全国养猪大县"的中江县有着重要的地位。年存栏母猪3500余头，公猪60余头，每年可提供28d龄商品猪苗近3万头。

(2) 粪污处理工艺流程。元兴种猪场采用目前最新的技术模式（图6.8），全场采用水泡粪工艺模式，之后通过干湿分离机进行固液分离，分离后的固体粪渣用于有机肥的生产。粪渣采用槽式发酵进行发酵，槽式发酵是目前国内应用比较广泛的堆肥方法，由于这种方法的发酵过程的可视性使得操作者可以随时对搅拌、通气和调湿过程进行调节控制，因此物料发酵相对较快而均匀。槽的底部铺设通风管道对堆体进行通风，槽中装垫生物垫料，发酵过程中，粪污被微生物菌群降解；槽上方设置翻堆机定期翻堆，在降解过程中通过自动翻抛机对发酵床进行翻耙，促进粪污与垫料充分混合并实现快速脱水。干湿分离后的粪水通过运输管道进入存储池，采用先进的污水处理设备进行处理，处理后出水水质效果良好，可以达到国家GB 18596—2001《畜禽养殖业污染物排放标准》。

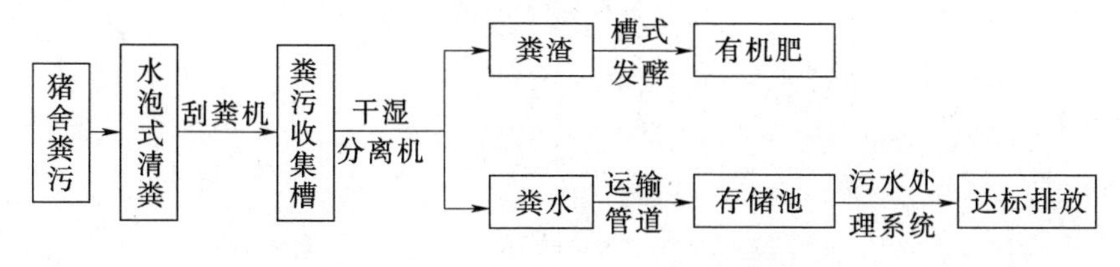

图6.8 "干湿分离+槽式发酵+污水处理"工艺流程图

仓山温氏元兴养殖场规模较大，其所采用的槽式发酵工艺占地面积小、产品质量均匀，日处理规模更大，提高了生产效率，降低了劳动力成本，对于大规模的工厂化经营而言是有利的。目前工程运行稳定，实现了大规模生猪养殖场养殖废水低污染排放治理。

(a)元兴种猪场

(b)元兴槽式发酵

元兴养殖场槽式发酵工艺

第七章 农业污染物多级阻控技术体系示范应用

第一节　典型小流域水质时空变化及污染现状评价

监测评估了库区上游典型小流域不同景观类型地表水水质时空变化规律与污染现状，提出加强区域生猪规模化养殖业粪污的低污染排放和资源化循环利用是改善地表水水质的重点。

中江县是四川丘陵地区典型的农业大县，幅员面积为 2063hm^2，耕地面积约为 103 万亩，总人口约 143 万人。县域平均海拔 560m，属亚热带湿润季风气候，年均气温 16.7℃，年平均日照 1317h 左右，无霜期 287d 左右，2007—2015 年平均降水量约 872.22mm，其中 5—9 月丰水期降雨量占 83.93%。响滩河位于中江县南端，发源于中江县元兴乡元兴水库，流经中江县元兴乡和中江县仓山镇。响滩河穿过仓山镇之后流经中江县普兴镇鱼界滩，在中江县三水口出境，流入遂宁市大英县郪江河，并最终汇入长江二级支流涪江。

响滩河小流域监测河段主干道长度为 10.5km，主要流经元兴乡五合、蒲溪、跳蹬村和仓山镇财源村、偏偏店村、响滩村。该区域以种植业和畜禽养殖业为主，无工矿企业。种植业中，旱地种植制度主要为小麦/玉米/大豆和油菜-夏玉米，稻田种植制度主要为水稻-油菜。响滩河两岸畜禽养殖业以

项目初始期中江县仓山镇响滩河水葫芦泛滥

生猪养殖为主，且规模化养殖发展迅速，农户分散养殖比例微乎其微。其中，2009年由中江仓山温氏畜牧有限公司在元兴乡火花村建成并投产的元兴种猪场规模最大，占地面积约180亩，年存栏母猪3500余头，公猪60余头，每年可提供28天龄商品猪苗近3万头；其余养猪场均小型规模化猪场主要分布在仓山镇财源村、偏偏店村、响滩村，年末存栏数6400头，肥猪出栏数11100余头，仔猪出栏数4700余头。近年来由于规模化养殖发展，导致响滩河水质污染极其严重，且夏秋季节水葫芦遍布河面，造成极大的安全隐患。

根据研究区域内种植业和养殖业空间分布特征，从响滩河源头至河流尾端，设响滩河河水监测点断面7个，依次为响滩河源头点（A1）、火花村村委会点（A2）、元兴养猪场下断面点（A3）、元兴场镇结束点（A4）、三新桥点（A5）、响滩村村委会点（A6）、响滩村新农村点（A7）。其中，A1为元兴水库即响滩河源头，是仓山镇及响滩河沿岸居民饮用水源地，A7为响滩河尾端；A1、A2代表种植业区，A3至A7代表种养混合区。

设B1、B2、B3、B4研究点4个。其中，B1点为元兴乡规模化种猪场的养殖污水蓄积池，B1点位于A2和A3之间，B1点污水直排进入响滩河，且距离河道不足100m。B2、B3、B4位于中江县仓山镇响滩村5社正沟湾封闭小流域；按照地形高低从上到下依次为：正沟湾堰塘点B2（正沟湾片区的农

项目初始期中江县仓山镇响滩河水葫芦泛滥

田补充灌溉、农户生产用水水源地，被农户承包后拓展为垂钓池），正沟湾片区排灌沟渠取样点 B3（位于正沟湾封闭小流域中部，有 1 个年出栏 200 头规模的生猪养殖场位于 B2 和 B3 之间），正沟湾排灌沟渠取样点 B4（位于正沟湾片区封闭小流域尾部）。B4 点的地表水于 A6 点上游约 150m 处进入响滩河。B1 代表规模化养殖区，B2 代表种植业区，B3 代表规模以下生猪养殖区，B4 代表种养混合区（图 7.1）。

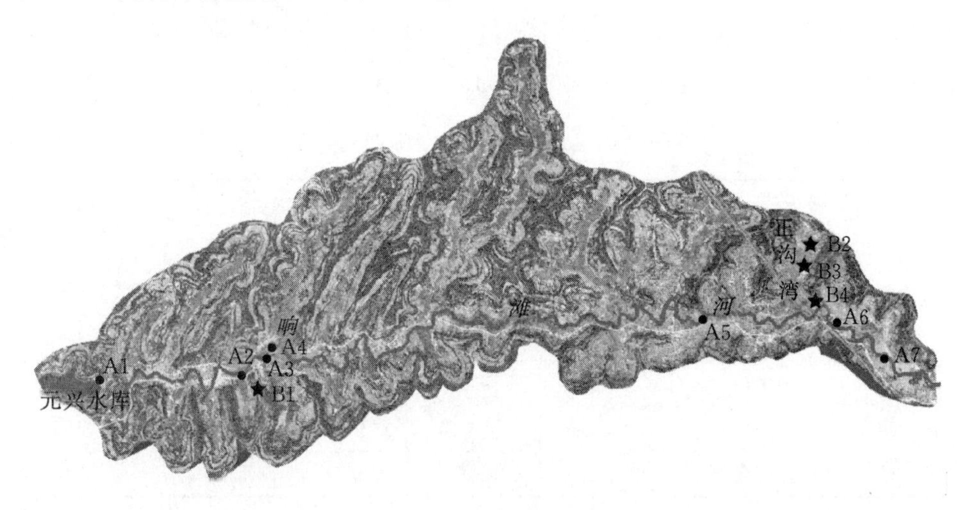

图 7.1　采样点位示意图

1. 响滩河各断面水质的季节性变化规律

对响滩河7个监测断面地表水水质分析表明（表7.1），枯水期地表水的COD_{Cr}、NH_4^+-N和TP浓度显著高于丰水期，TN浓度显著低于丰水期，而枯水期和丰水期的NO_3^--N差异未达显著水平。与年平均值相比，枯水期地表水的COD_{Cr}、NH_4^+-N和TP浓度分别提高了15.37%、59.35%和12.94%，而丰水期的TN浓度显著提高了19.27%。

表7.1　响滩河断面COD_{Cr}、TN、NO_3^--N、NH_4^+-N和TP的季节性变化

单位：mg/L

时期	COD_{Cr}	TN	NO_3^--N	NH_4^+-N	TP
枯水期	77.80a	10.73c	3.19a	5.37a	2.11a
丰水期	54.80c	15.59a	3.11a	1.20c	1.61b
年平均值	67.26b	13.07b	3.15a	3.37b	1.87ab

注　同一列中不同小写字母表示差异达5%显著水平。

2. 地表水水质空间变化特征

由表7.2分析可知，在响滩河流域，不同功能区之间TN、NO_3^--N、NH_4^+-N和TP浓度均表现为：养殖区＞种养混合区＞种植区，且各个功能区之间差异达到显著水平。与种植区相比，受规模化养猪场养殖废污影响的种养混合区的COD_{Cr}、TN、NO_3^--N、NH_4^+-N和TP浓度分别提高了17.79%、198.09%、131.56%、219.94%、564.23%。

表7.2　　不同功能区地表水水质空间变化特征　　单位：mg/L

监测点		COD_{Cr}	TN	NO_3^--N	NH_4^+-N	TP
响滩河	种植区	59.68d	5.41e	1.62d	1.31de	0.37c
	养殖区	151.14b	100.02a	6.45a	38.21a	6.62a
	种养混合区	70.29cd	16.13c	3.76b	4.19b	2.47b
正沟湾	种植区	77.22c	5.18e	2.56c	1.95cd	0.30c
	养殖区	197.37a	47.44b	3.59b	0.90e	6.15a
	种养混合区	69.72cd	10.28d	2.81c	2.59c	0.91c

注　同一列中不同小写字母表示差异达5%显著水平。

在正沟湾监测区，养殖区的地表水的COD_{Cr}、TN、NO_3^--N和TP浓度均显著高于种植区和种养混合区。与种植区相比，种养混合区的地表水的TN显著提高98.57%，而COD_{Cr}、NO_3^--N、NH_4^+-N和TP浓度无显著差异。可能在于规模以下生猪养殖场废污排放量总体较小，且进入排灌沟渠以后，通过沟渠对污染物的去除效应、农田消纳和下游水体补充，降低了COD_{Cr}、NO_3^--N、NH_4^+-N和TP浓度。

进一步对响滩河监测区7个河流断面的水质（表7.3）分析表明，与种植区A2断面相比，B1点养殖废污进入响滩河后，A3、A4、A5、A6、A7河流监测断面COD_{Cr}浓度增幅为9.22%～21.55%；距离B1点最近的A3断面的TN显著提高303.72%，下游A4、A5、A6、A7断面的TN浓度增幅为100.86%～164.11%；A4断面的NO_3^--N、NH_4^+-N和TP浓度均达到整个监测断面浓度的最高峰值，与种植区A2断面相比，分别显著提高127.34%、188.33和492.63%，下游A5、A6、A7断面3个断面的NO_3^--N、NH_4^+-N和TP浓度均显著高于A2断面，且随着河流延伸逐渐降低或趋于稳定。由此表明，规模化养殖场污水排放是造成排污口下游河流断面A3和A4断面的TN、NO_3^--N、NH_4^+-N和TP浓度急剧增加的直接原因，且对下游A5、A6、A7断面水质造成持续污染。

表7.3　　响滩河7个监测断面水质空间变化特征　　单位：mg/L

监测点	COD_{Cr}	TN	NO_3^--N	NH_4^+-N	TP
A1	58.18b	4.80e	1.13f	0.96c	0.29b
A2	61.17b	6.03e	2.12e	1.66c	0.45b
A3	66.81ab	24.33a	3.22cd	4.31ab	2.28a
A4	74.19a	15.91b	4.82a	4.79a	2.69a
A5	68.27ab	14.00c	4.12b	3.94b	2.60a
A6	74.35a	14.32c	3.66bc	3.91b	2.45a
A7	67.86ab	12.10d	2.98d	4.01ab	2.34a

注　同一列中不同小写字母表示差异达5%显著水平。

3. 地表水污染指数与污染类型变化

不同河流断面之间，各监测指标污染指数表现为TN＞TP＞COD_{Cr}＞

NH_4^+—N，其 TN、TP、COD_{Cr} 和 NH_4^+—N 的指数分别为 10.77、7.11、3.25 和 2.75，NO_3^-—N 污染指数仅为 0.36；不同功能区之间，各监测指标的污染指数均达到显著性差异，且表现为养殖区＞种养混合区＞种植区。在正沟湾监测区，种植区和养殖区各监测指标的平均污染指数表现为 TN＞COD_{Cr}＞TP＞NH_4^+—N，其 TN、COD_{Cr}、TP 和 NH_4^+—N 的平均污染指数分别为 7.73、3.67、3.01 和 2.27，NO_3^-—N 污染指数仅为 0.36；与种植区相比，种养混合区的地表水的 TN 污染指数显著提高，而 COD_{Cr}、NO_3^-—N、NH_4^+—N 和 TP 的污染指数差异不显著。

与正沟湾监测区相比，响滩河监测区种植区总污染指数降低 8.01%，但养殖区和种养混合区的总污染指数分别提高了 100.94% 和 74.49%。由此表明，两个监测区的种植业区之间总污染指数差异较小，而生猪养殖特别是规模化养殖是导致响滩河种养混合区总污染指数提高的主要原因（图 7.2）。

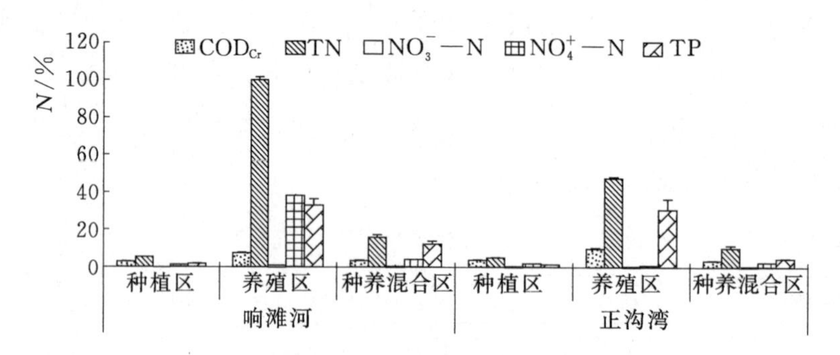

图 7.2　地表水各监测指标的污染指数变化

由图所示，两个监测区地表水各监测指标的污染分担率可知，种植区的 COD_{Cr}、TN、NO_3^-—N、NH_4^+—N 和 TP 污染分担率分别为 27.90%、43.23%、2.23%、13.08% 和 13.56%，养殖区分别为 7.64%、54.41%、0.51%、11.13% 和 26.31%，种养混合区分别为 13.08%、45.78%、1.57%、11.85% 和 27.73%。按照地表水污染类型划分方法，种植区地表水污染类型为兼有 COD_{Cr} 污染的总氮污染型，而养殖区和种养结合区地表水污染类型完全一致，均为兼有总磷污染的总氮污染型（图 7.3）。

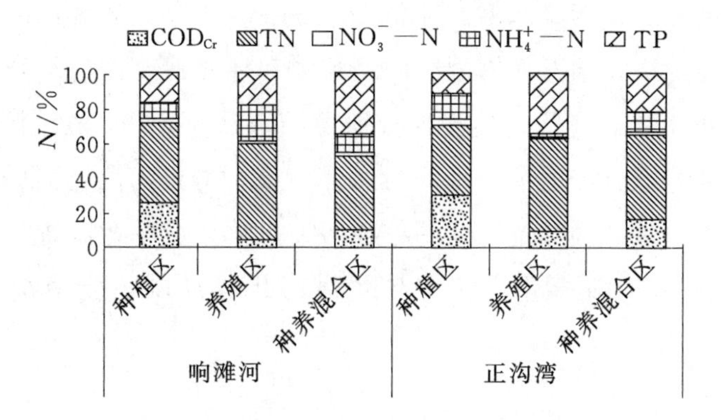

图 7.3 地表水各监测指标的污染分担率

4. 地表水质等级变化与污染现状评价

由表 7.4 分析可知，按照 GB 3838—2002《地表水环境质量标准》单因子水质判别方法，响滩河流域两个监测区的地表水五个监测指标中，除部分监测区的 NO_3^-—N 和 NH_4^+—N 水质未达劣Ⅴ类水质标准，其余监测区各个指标皆为劣Ⅴ类水质。以最差的水质类别作为水质综合评价的结果，响滩河流域两个监测区的地表水水质全部为劣Ⅴ类，说明整个响滩河流域地表水水体污染极其严重，亟需治理。

表 7.4　　各监测点地表水水质等级变化结果

监测点		COD_{Cr}	TN	NO_3^-—N	NH_4^+—N	TP	水质等级
响滩河	种植区	劣Ⅴ类	劣Ⅴ类	Ⅰ	Ⅳ	劣Ⅴ类	劣Ⅴ类
	养殖区	劣Ⅴ类	劣Ⅴ类	Ⅲ	劣Ⅴ类	劣Ⅴ类	劣Ⅴ类
	种养混合区	劣Ⅴ类	劣Ⅴ类	Ⅱ	劣Ⅴ类	劣Ⅴ类	劣Ⅴ类
正沟湾	种植区	劣Ⅴ类	劣Ⅴ类	Ⅰ	Ⅳ	劣Ⅴ类	劣Ⅴ类
	养殖区	劣Ⅴ类	劣Ⅴ类	Ⅱ	Ⅲ	劣Ⅴ类	劣Ⅴ类
	种养混合区	劣Ⅴ类	劣Ⅴ类	Ⅱ	劣Ⅴ类	劣Ⅴ类	劣Ⅴ类

采用内梅罗综合污染指数法，参照污染程度分级标准（综合污染指数 $P<1$，清洁，轻污染 $1\leqslant P<2$，轻度污染；$2\leqslant P<3$，污染；$3\leqslant P<5$，重度污染；$P\geqslant 5$，恶性污染）分析可知（图 7.4），响滩河监测区和正沟湾监

测区，种植区的综合污染指数最低，分别为 2.95 和 2.89，且两者差异不显著，均为轻度污染；响滩河监测区的养殖区和种养混合区的综合污染指数分别为 53.14 和 8.93，正沟湾监测区分别为 25.35 和 5.56，养殖区和受养殖业污染影响的种养混合区的地表水均为恶性污染。与正沟湾监测区相比，响滩河监测区的养殖区和种养混合区的综合污染指数分别显著提高了 109.60%和 60.58%，由此表明规模化生猪养殖场废污排放加剧了受纳水体的污染程度（图 7.4）。

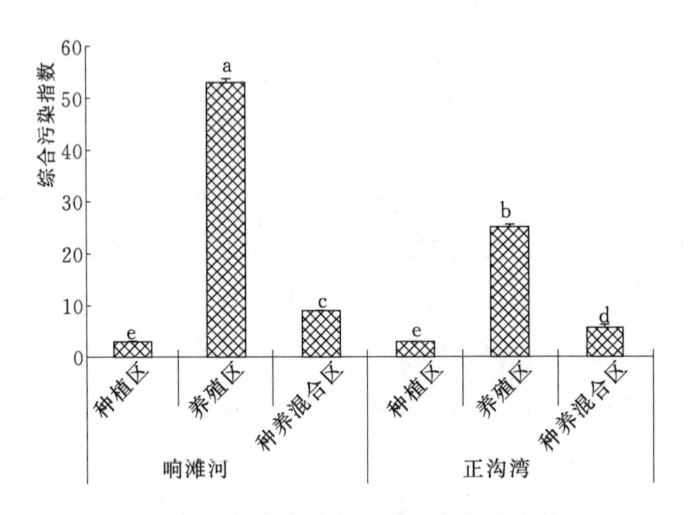

图 7.4　种养格局变化对地表水综合污染指数的影响

研究区域枯水期主要污染物为 COD_{Cr}、NH_4^+—N 和 TP，丰水期主要污染物为 TN。种养格局影响地表水中 TN、NO_3^-—N、NH_4^+—N 和 TP 浓度的空间分布特征，养殖区＞种养混合区＞种植区。规模化养殖显著增加了地表水总污染指数，改变了地表水污染类型。种植区和种养混合区水质均达到劣Ⅴ类水质标准，种植区地表水为轻度污染，养殖区和受养殖业污染影响的种养混合区的地表水均为恶性污染，规模化生猪养殖场废污排放加剧了受纳水体的污染程度。从水体污染治理角度，在种植区开展水土养分流失特别是氮素流失控制的同时，亟需加强区域生猪规模化养殖业粪污的无害化资源化循环利用技术研究与应用，以促进四川丘区生猪养殖业健康发展与长江上游生态环境保护。

第二节 典型小流域非点源污染模拟

四川丘陵农区坡耕地的存在和畜禽业的快速发展使得非点源污染（NSP）已成为制约该区域经济和环境可持续发展的重要影响因素，及时调查与分析非点源污染情况，提出相应的保护治理措施对于经济发展和环境保护都具有重要意义。SWAT（Soil and Water Assessment Tool）水文模型已经被广泛应用于非点源污染模拟，但该模型需要长期观测数据和相对完整的流域水文水质资料。但对于中国大多数小流域，水文及环境监测数据缺乏，如何在这些区域进行污染物的监测已经成为需要关注的内容。

响滩河小流域位于四川省中江县南侧（104°58.20′～105°2.54′E，30°32.17′～30°37.65′N），属于长江二级支流涪江流域水系，河流起源于中江县元兴水库，流经元兴乡和仓山镇，主干道长10.5km。响滩河流域面积约23km^2，平均海拔480m。该地区年均降水量882mm，年均气温16.7℃。

响滩河流域是典型的四川丘陵农区，主要以玉米、水稻等种植业和家养、规模化畜禽养殖业为主。畜禽养殖业方面存在规模化养猪场，在响滩河上游建成并投产的元兴种猪场规模最大，占地面积约12hm^2，年存栏成年猪3000头，年产月龄猪苗60000头。近几年，响滩河水质污染日益严重；另外，夏秋季节河面遍布水葫芦，存在极大的安全隐患。

以四川省典型丘陵农区的响滩河流域为研究对象，以遥感影像、野外调查与室内实验数据为基础，耦合SWAT模型和L-THIA（Long Term Hydrologic Impact Analysis）模型构建了适合资料缺乏的小流域非点源污染模拟模型，即利用L-THIA模型模拟径流校正SWAT模型水文模块，进而结合实测水质数据校正SWAT模型水质模块参数。在此基础上分析了响滩河流域的非点源污染时空分布特性和影响因素，并由此提出了能够有效削减研究流域非点源污染产量的农业管理措施（图7.5）。

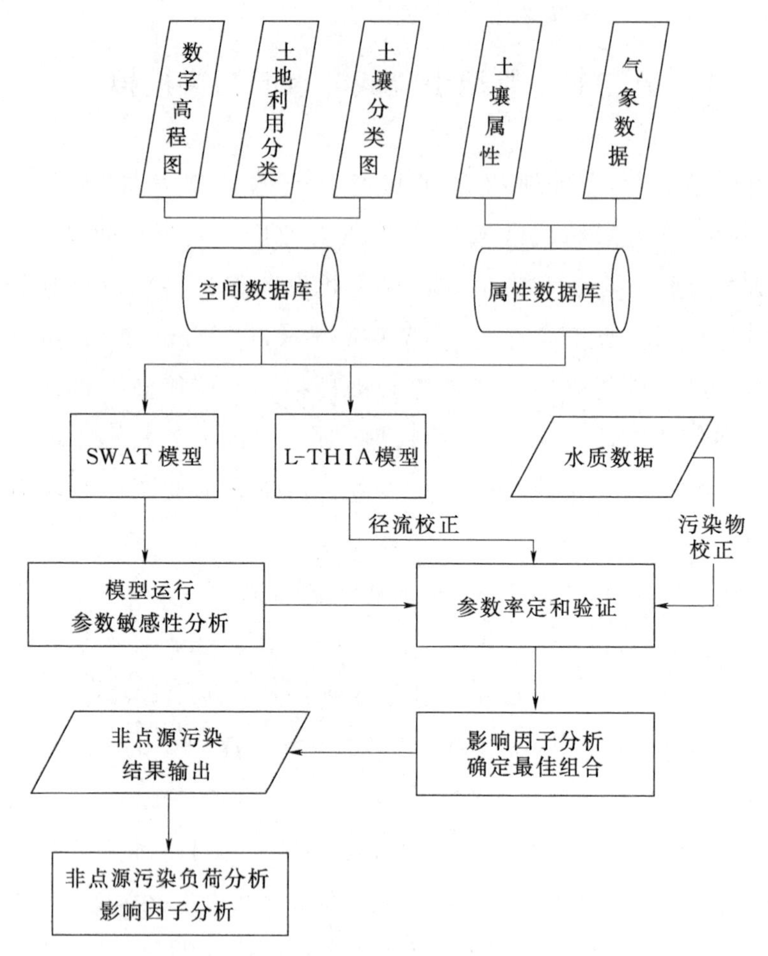

图 7.5 SWAT 模型模拟的技术路线

1. 非点源污染时空分布特性及关键污染区识别

以地表径流为基础，耦合 L－THIA 和 SWAT 模型。在缺少水文监测数据的条件下，评估了该耦合模型模拟非点源污染的准确度。模拟效果良好，证明了该耦合模型在研究流域的有效性和适用性。非点源污染时空分布特性分析发现总氮、总磷的时间变化趋势和空间分布特征类似。使用校正后的模型对响滩河流域进行 NSP 模拟。从时间角度来看，模型能够采用不同时间分辨率来模拟各子流域和水文响应单元 NSP 负荷。本研究仅对 2013 年 3 月至 2014 年 3 月的时间段以月为时间步长进行非点源污染模拟。从空间角度来看，模型可以输出流域的径流量、泥沙量和营养物量。本研究仅分析产流和产污。

(1) NSP 时间分布。本研究对研究流域以月为步长进行非点源污染模拟，以子流域 7 为例，TN 和 TP 的月输出结果见表 7.5。将 TN 和 TP 进行对比，非点源负荷在 6—8 月比较大，其中 TN 在 6 月达到最大，TP 在 7 月达到最大，此时间段为丰水期；与此相对，其他月份 NSP 负荷低于丰水期。NSP 的变化特征受降雨影响较大（图 7.6）。

表 7.5　　　子流域 7 模拟结果月输出

时　间	TN/kg	TP/kg	时　间	TN/kg	TP/kg
2013 年 3 月	1415	29	2013 年 9 月	5653	43
2013 年 4 月	2758	15	2013 年 10 月	3238	40
2013 年 5 月	13378	62	2013 年 12 月	1915	35
2013 年 6 月	35897	185	2014 年 1 月	496	30
2013 年 7 月	27458	218	2014 年 2 月	393	13
2013 年 8 月	25368	129	2014 年 3 月	467	30

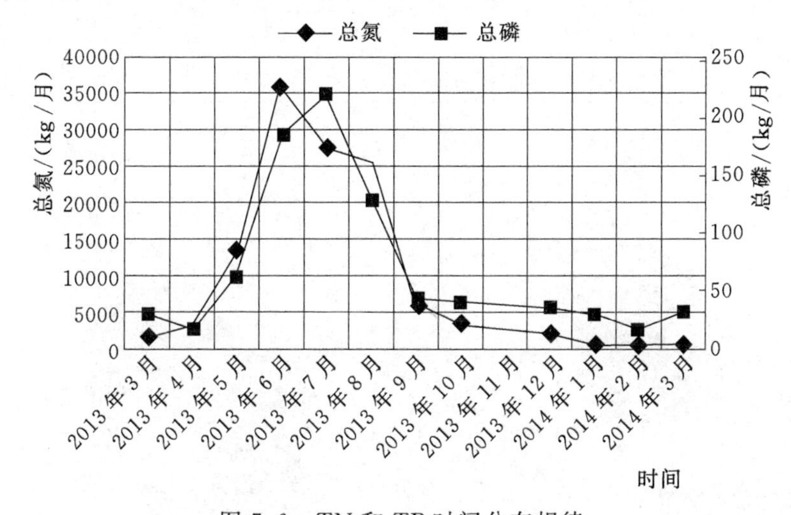

图 7.6　TN 和 TP 时间分布规律

(2) NSP 空间分布。由于地表空间差异性，NSP 分布也呈现出不同的特征。根据模型输出结果基于前文离散空间计算和作图。SWAT 模型子流域输出文件包含流域中各子流域的汇总信息。各变量的记录值是子流域中所有 HRU 的总量或加权平均。其中有关各种形态氮、磷产量的输出变量见表 7.6。将各种形态氮磷相加作为总氮和总磷负荷。各子流域月均产污量见表 7.7，图 7.7 和图 7.8 所示。月均单位面积负荷如图 7.9 和图 7.10 所示。

表 7.6　　氮磷产量相关输出变量

变量	定义（单位：kg/hm^2）
ORGN	时间步长内从子流域运移到河段的有机氮量
NSURQ	时间步长内通过地表径流运移到河段的硝态氮量
$LAT\_Q\_NO_3$	从侧向流运移到河段的日硝态氮量
$GWNO_3$	从地下水运移到河段的硝态氮量
ORGP	时间步长内随泥沙迁移到河段的有机磷量
SOLP	时间步长内随地表径流运移到河段的可溶性磷
SEDP	时间步长内通过地表径流运移到河段的吸附在泥沙上的无机磷量

表 7.7　　各子流域月均产污量　　单位：kg

子流域	1	2	3	4	5	6	7	8	9
TN	5150.9	547.87	15591.2	904	2628	14928	7865	5952.74	7563
TP	463.00	532.94	1543.68	1441	360	1608	700.4	663.233	661

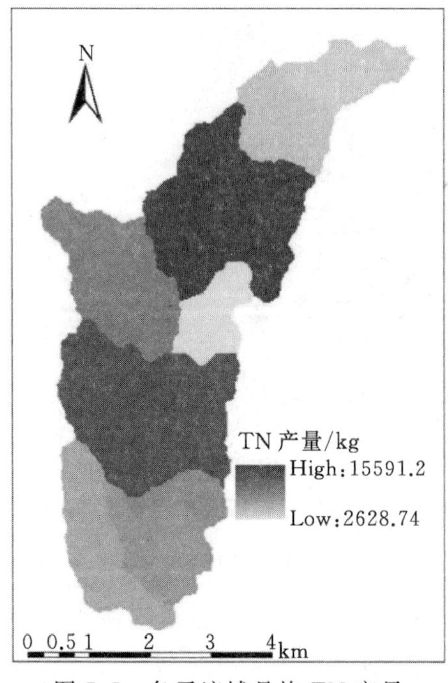

图 7.7　各子流域月均 TN 产量

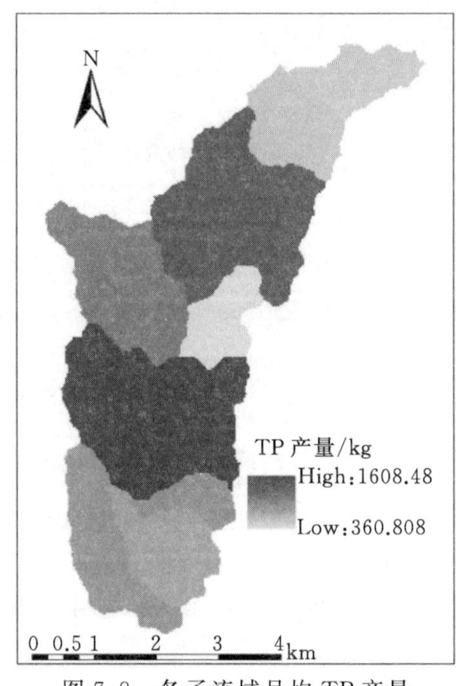

图 7.8　各子流域月均 TP 产量

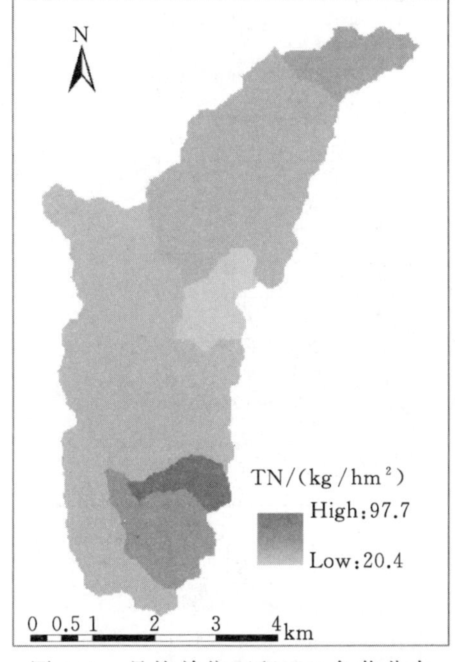

图 7.9　月均单位面积 TN 负荷分布

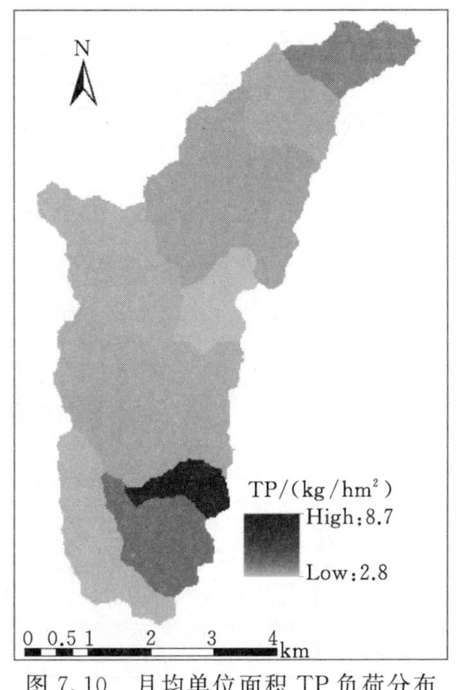

图 7.10　月均单位面积 TP 负荷分布

由图 7.7 和图 7.8 所知，四川省响滩河流域 2013 年 3 月至 2014 年 3 月月均单位面积 TN 输出范围为 20.4～97.7kg/hm^2，TP 输出范围为 2.8～8.7kg/hm^2。NSP 负荷在 1、7、9 子流域分布较高，该地区人口密度大、畜禽养殖较多，其中子流域 7 的非点源负荷尤其高，主要原因该区域存在大型规模化种猪场，其粪便产生许多氮磷污染物随降水冲刷排入河流。

（3）关键污染区识别。根据各子流域非点源污染的贡献率确定污染关键区，结果如图 7.11 所示。可见，子流域 7 占总面积的比例较少，但贡献率较大，表明子流域 7 为污染关键区，应该着重关注和治理。

根据各子流域非点源污染的浓度确定污染关键区，由于 SWAT 输出中无污染物浓度，本文使用下式计算 TN、TP 浓度，结果见表 7.8 和图 7.12，图 7.13。

$$C_i = 100 \times \frac{Q_i}{H_i}$$

式中　C_i——第 i 个子流域进入河道的污染物浓度，mg/L；

Q_i——第 i 个子流域进入河道的单位面积负荷，kg/L；

H_i——第 i 个子流域进入河道的总水量，mm。

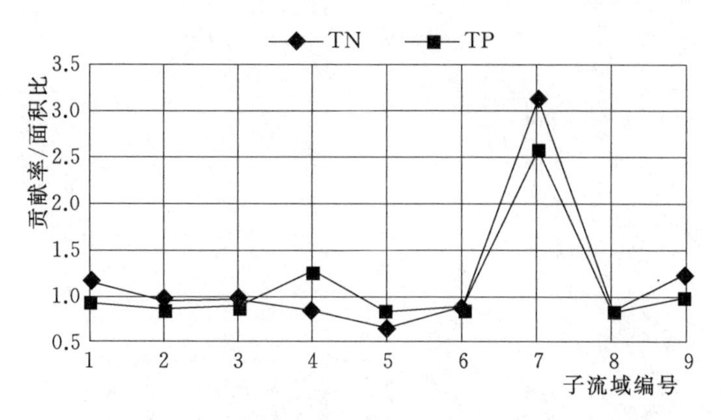

图 7.11　各子流域非点源污染贡献率和面积比之比

表 7.8　　　　各子流域产污浓度

子流域	1	2	3	4	5	6	7	8	9
TN 浓度	4.921	3.332	1.178	1.589	3.166	0.984	24.270	2.168	4.001
TP 浓度	0.442	0.327	0.117	0.172	0.435	0.106	2.161	0.242	0.350

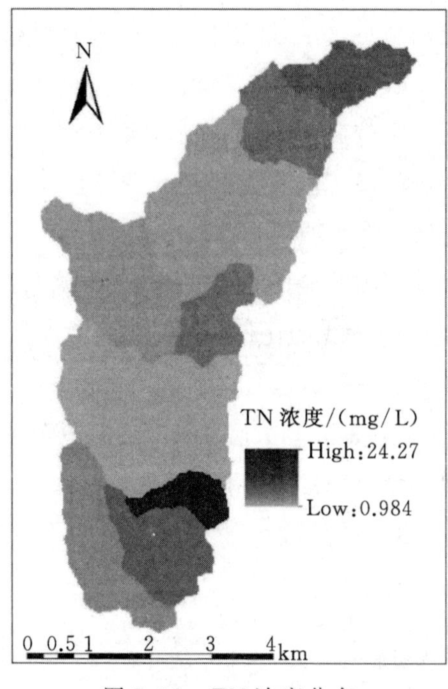

图 7.12　TN 浓度分布

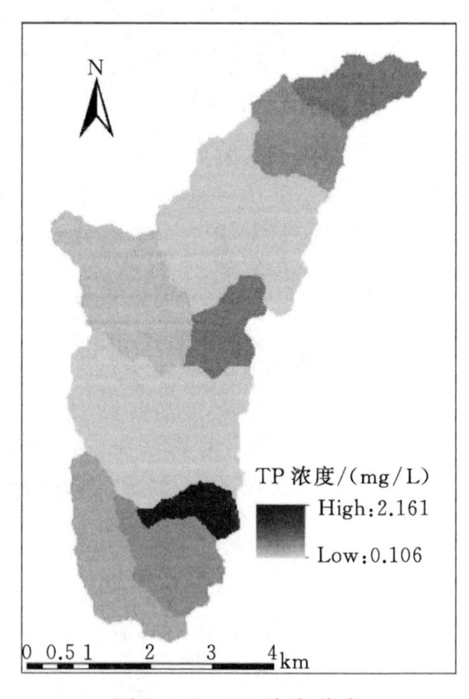

图 7.13　TP 浓度分布

根据 GB 3838—2002 标准（表 7.9）评价响滩河流域 NSP 程度，响滩河流域 TN 浓度整体偏高，大部分子流域 TN 浓度超过Ⅴ类标准，其中 1、2、5、7、8、9 子流域超过水质Ⅴ类标准，子流域 4 为水质Ⅴ类，子流域 3 为水质Ⅳ类，子流域 6 为Ⅲ类。TP 浓度中等水平，其中子流域 1、5、7 超过水质Ⅴ类标准，子流域 2、9 为水质Ⅴ类，子流域 8 为水质Ⅳ类，子流域 3、4、6 为水质Ⅲ类。

表 7.9　　地表水环境 TN、TP 质量标准（GB 3838—2002）　　单位：mg/L

分类项目	Ⅰ类	Ⅱ类	Ⅲ类	Ⅳ类	Ⅴ类
TN（以 N 计≤）	0.2	0.5	1.0	1.5	2.0
TP（以 P 计≤）	0.02	0.1	0.2	0.3	0.4

2. 非点源污染分布影响因子分析

（1）降雨。以子流域 7 为例，将该子流域月均降水、TN、TP 归一化后进行对比（图 7.14）。该子流域内的月降雨量和 TN、TP 产出量变化趋势相似，这表明降雨量和非点源污染存在一定的相关性，分别以降雨量和 TN、TP 进行回归分析，结果为：$R^2_{降雨,TN}=0.86$，$R^2_{降雨,TP}=0.86$，结果表明相关性较好（图 7.15），说明降雨严重影响非点源污染。

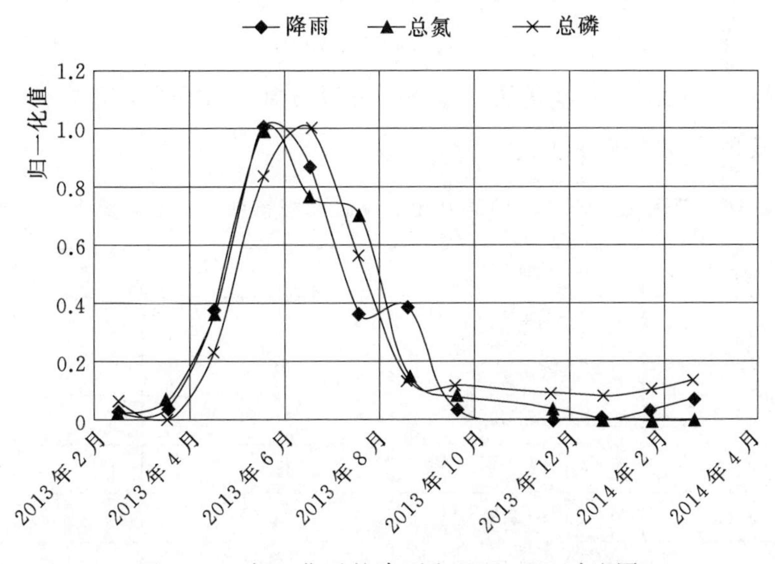

图 7.14　归一化后的降雨和 TN、TP 对比图

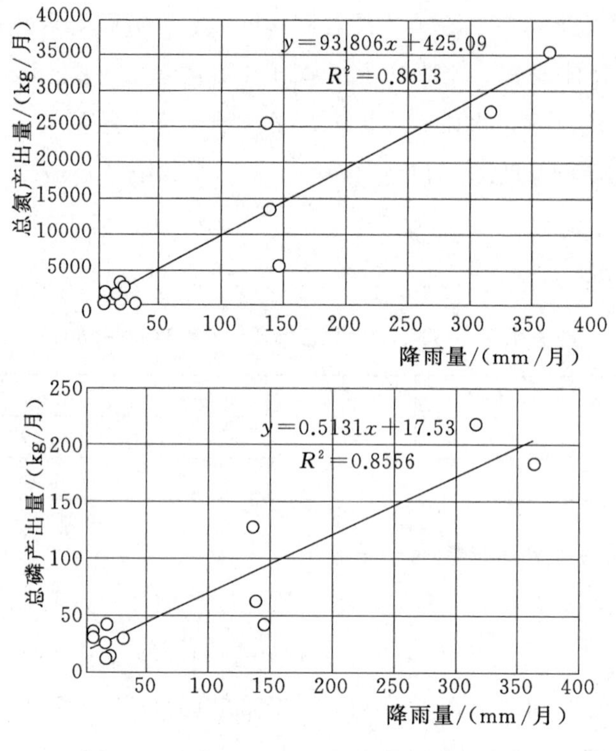

图 7.15 降雨和 TN、TP 的相关性分析

(2) 土地利用。根据响滩河流域的土地利用分类统计，林地占比最大，占整体 61%，耕地第二，占 21%，城镇用地第三，占 12.6%。此三种土地利用类型（紫色土、0-1 坡度）占各子流域的面积比见表 7.10。类型面积与 NSP 负荷的空间相关性见表 7.11。

表 7.10 紫色土、0-1 坡度下林地、耕地和城镇用地占地面积比

子流域编号	林地/%	耕地/%	城镇用地/%
1	48.92	18.27	18.65
2	53.98	29.26	13.0
3	60.02	24.99	10.04
4	63.94	22.29	9.79
5	66.28	19.04	9.12
6	63.3	17.59	13.0

续表

子流域编号	林地/%	耕地/%	城镇用地/%
7	57.07	20.26	21.21
8	62.37	17.08	14.18
9	63.7	19.05	16.09

表 7.11　四川省响滩河流域土地利用类型与非点源污染负荷空间相关性

土地利用类型	TN	TP
城镇用地	0.61	0.56
耕地	0.45	0.38
林地	−0.17	−0.21

由表 7.11 可知，城镇用地与 2013 年 3 月至 2014 年 3 月月均单位面积 TN 和 TP 输出量呈明显的正相关；耕地与 TN 和 TP 呈正相关，相关性一般；林地与 TN 和 TP 相关性为负，且相关性不明显。研究区域城镇内大多养有鸡、鸭等畜禽，另外上游有规模化种猪场，加上人类生活污水，考虑上述几点，随着雨水冲刷，城镇用地分摊的非点源负荷尤其高。考虑耕地，农民定期施用氮磷肥料以提高作物产量，当降雨量大时，由于传统化肥利用率不高而且农田土壤质地松软，氮磷会随径流流失。而林地与耕地恰恰相反，受人类活动影响较小，很少施加化肥，另外植被覆盖度大，对径流有截留作用，可以有效防止氮磷流失。由此说明非点源污染负荷与人类活动息息相关。

(3) 土壤。根据研究区的土壤分类统计，紫色土占总体的 77.8%，水稻土占 22.2%。各土壤类型（林地、0°～1°坡度）占地面积比见表 7.12。类型与 NSP 负荷的空间相关性见表 7.13。

表 7.12　林地、0°～1°坡度下紫色土和水稻土占地面积比

子流域编号	1	2	3	4	5	6	7	8	9
紫色土/%	54.03	65.37	71.99	80.53	79.56	81.81	100	88.91	82.66
水稻土/%	45.97	34.63	28.01	19.47	20.44	18.19	0	11.09	17.34

表 7.13　四川省响滩河流域土壤类型与非点源污染负荷空间相关性

土壤类型	TN	TP
紫色土	0.12	−0.08
水稻土	0.48	0.51

由表 7.13 可知，水稻土与月均单位面积 TN 和 TP 输出量呈一定的正相关，而紫色土与 TN 和 TP 单位面积负荷相关性不显著。另外通过分析土壤化学属性，各类土壤剖面 TN 和 TP 含量，发现土壤的类型和属性对非点源污染负荷有一定影响。水稻土多为农耕地，有化肥施加，加上其土质松软，营养物质易受雨水冲刷随径流进入河道。

(4) 坡度。根据四川省响滩河流域的地形情况，将该地区的坡度分为 0°～1°和 1°～9999°两个等级。各等级占地面积比见表 7.14。各坡度等级（林地、紫色土）与非点源污染月均单位面积负荷的空间相关性如表 7.15 所示。

表 7.14　林地、紫色土下各坡度等级占子流域面积比　%

子流域编号	1	2	3	4	5	6	7	8	9
0°～1°	48.66	39.07	32.07	17.14	33.4	15.06	12.51	13.67	12.58
>1°	51.34	60.93	67.93	82.86	66.6	84.94	87.49	86.33	87.42

表 7.15　四川省响滩河流域坡度与非点源污染负荷空间相关性

坡度	TN	TP
0°～1°	0.42	0.35
>1°	0.11	−0.08

由表 7.15 可知，0°～1°坡度等级和月均单位面积 TN 和 TP 输出量呈一定的正相关性，而 1°～9999°坡度等级与其相关性不显著。说明响滩河流域 NSP 负荷主要分布于地势底的平缓地区。可能是因为降水在坡度小的区域滞留较久，溶入的污染物质多。而在 0°～1°坡度等级下，TN 的相关性要优于 TP，可能是因为可溶性 N 比例高于可溶性 P 比例。

对于土地利用类型，城镇用地和农耕地是非点源污染的主要贡献者，而林地对非点源污染有一定的抑制作用；对于土壤类型，水稻土与 NSP 负荷相关性较大；对于坡度，NSP负荷主要分布于地势平缓区域。

第三节　库区上游污染控制方案及水质监测评估

粮食增产必须与水资源承载能力相适应，从战略高度重视库区上游农业面污染控制和治理，从农业产业机构优化，技术升级研究，解决粮食增产和环境压力的矛盾，建设库区上游高强度种养流域农村面源污染综合防治示范工程，切实保证库区上游水环境安全的前提下确保粮食增产任务。

1. 三峡库区上游农业面源污染控制方案

示范工程位于库区上游含岷-沱江流域四川省中江县仓山镇试验示范区。示范区地处盆地西北浅丘，是德阳市最大的乡镇之一，属亚热带季风气候，年降雨量700～900mm，郪江河绕镇而过，注入涪江。郪江发源于三峡库区上游四川省中江县太平乡胡家瓦窑，境内长83.8km，多年平均径流量3.63亿m^3。县境内有继光水库和响滩子水库等大、小水库共48座，有效库容1.22亿m^3，是农业灌溉主要水源。仓山镇辖40个行政村，298个村民小组，幅员面积125km^2，耕地面积5.20万亩，水田1.73万亩，旱地3.49万亩，总人口8.22万人，农民人均收入8632元。仓山镇示范区是中江县是成都平原的优势农产区，稻麦种植面积较大，是粮油、果蔬、生猪的主产区，具有典型性和代表性。

示范区主要河流为郪江河支流响滩河，位于中江县南端，发源于中江县元兴乡元兴水库，流经中江县元兴乡和中江县仓山镇，主干道长度为10.5km。响滩河穿过仓山镇之后流经中江县普兴镇鱼界滩，在中江县三水口出境，流入遂宁市大英县郪江河，并最终汇入长江二级支流涪江。响滩河小流域主要以种植业和畜禽养殖业为主，无工矿企业。种植业中，旱地种植制度主要为小麦/玉米/大豆，稻田种植制度主要为水稻-油菜。畜禽养殖业方面，农户大都饲养有鸡鸭，生猪分散养殖比例微乎其微。但2008年开始，响滩河流两岸规模化养猪场分布较多，其中，2009年由中江仓山温氏畜牧有限公司，在元兴乡火花村建成并投产的元兴种猪场规模最大，占地面积约180亩，年存栏母猪3000余头，公猪60余头，每年可提供28天龄商品猪苗近6万头；其余养猪场均为小型规模化猪场，仓山镇偏偏店村有 3 个，仓山镇响滩村有 4 个，年出栏生猪共约 2 万余头。近年来由于规模化养殖发展，导致响滩河水质污染极其严重，且夏秋季节水葫芦遍布河面，造成极大安全隐患。

针对三峡库区上游人地矛盾突出、垦殖指数和复种指数均高，水田氮磷投入高、退水污染风险大、紫色丘陵农区养分流失严重等问题，遵循用养结合、生态循环、水质保障的原则，在四川省德阳市中江县仓山镇建立核心试验示范基地，研究集成了库区上游稻油轮作系统增效减负技术、库区上游旱作坡地径流调控及氮磷流失阻控技术和生猪养殖粪污低污染排放及资源化循环利用技术，通过构建“政府、科研、企业、农户”有机结合的成果转化机制，结合专业合作组织、土地流转与适度规模等生产形式，集成基于种养平衡的农业农村面源污染阻控技术体系，开展了“库区上游高强度种养流域农村面源污染综合防治示范工程”建设和示范，通过技术示范推广，累计控制示范区面积 $5km^2$ 以上，减少了主栽作物化肥氮磷投入，降低了农田地表氮磷径流损失，并通过生猪养殖废弃物集中处理并结合农田分散消纳，构建了种养结合的技术体系与模式，从而降低了种养系统氮磷入河量和入河系数，改善了库区上游典型小流域地表水水质（图 7.16）。

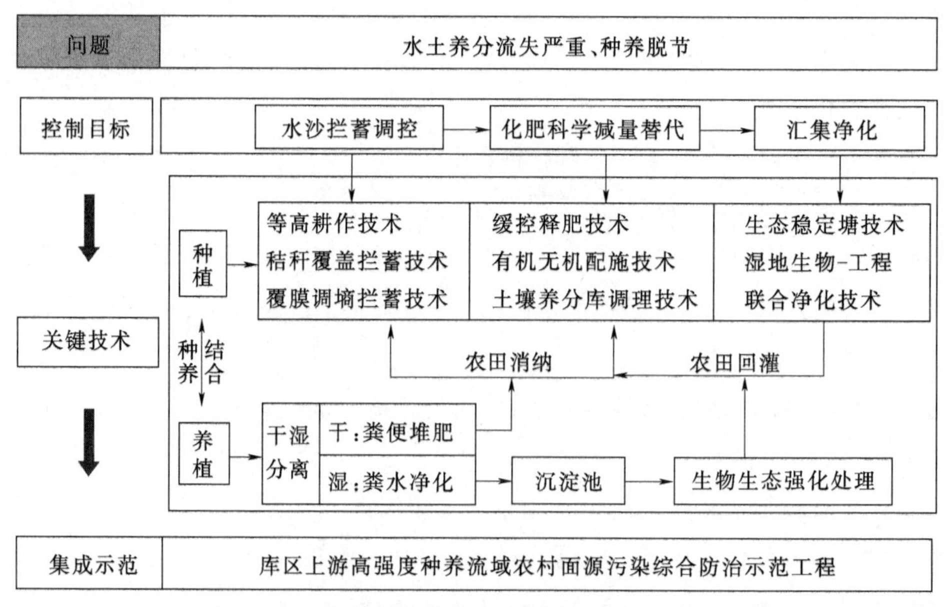

图 7.16　农业污染物多级阻控技术体系示意图

示范工程的核心试验示范基地位于仓山镇响滩村，示范推广区主要在中江县仓山镇、元兴乡和永太镇。中江县仓山镇是三峡库区上游丘陵地带粮油和生猪生产的典型区域和代表性区域，是四川省首批省级新农村建设示范片，四川省农业科技成果中试熟化工程综合性示范基地。辖区内河流为响滩河，示范区内河段主干道长度为10.5km，响滩河水于四川大英县汇入长江三级支流郪江河，并最终汇入长江二级支流涪江。响滩河小流域旱坡地主要利用模式为小麦/春玉米/大豆、油菜-夏玉米、小麦-夏玉米；稻田利用模式主要为油菜-水稻。响滩河两岸畜禽养殖业以生猪养殖为主，且规模化养殖发展迅速。

围绕项目目标任务，主要开展库区上游水田水肥一体化氮磷流失阻控集成技术（有机无机配施技术、缓控释肥增效减负技术、生物炭和土壤结构调理剂调库扩容等技术构成）、库区上游旱作坡地径流调控及氮磷流失阻控集成技术（以碳调氮有机肥配施技术、地膜覆盖增墒调蓄技术、秸秆覆盖水沙调控等技术构成）、生猪养殖粪污低污染排放及资源化利用技术集成技术（由有机肥制备技术、沉渣池＋生物基质池＋绿狐尾藻植物塘组合的湿地净化技术、种养结合优质食用菌和猕猴桃有机肥配施技术）等组成的综合防控技术体系研发。

（1）旱坡地径流调控及氮磷流失阻控集成技术。针对库区上游垦殖指数高、旱坡地水土迁移是氮磷流失的主要载体的问题，以坡面径流调控及污染负荷减负为核心，研发了壤中流及坡面流水沙输移及面源致污过程诊断技术，筛选并优化集成了以“削减水蚀动能”为核心的坡地径流调控及氮磷流失阻控技术（图7.17、图7.18）。

由于受野外现场环境的特殊性和复杂性限制，壤中流氮磷迁移特征观测一直是目前的难点。广泛应用于坡面、渠道及河道的测量装置，受到灵敏度和精确度的限制而难以应用于壤中流监测。已有的壤中流收集发明是借鉴坡面径流集水池法提出的，一般用砖石、混凝土或者铁皮建造，利用径流池或径流桶进行径流观测，同时采集样品测定氮磷浓度，包括径流收集、径流量取两个必要装置。在实际应用过程中，砖石材料的渗漏现象和铁皮材料的变形等问题会对测量精度产生一定影响。而且，这种方法不能在降雨过程中获

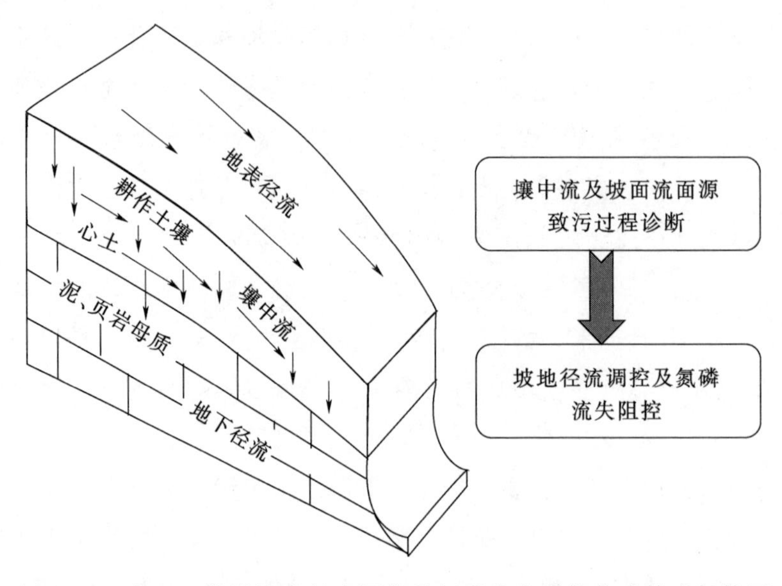

图 7.17　库区上游旱坡地径流调控及氮磷流失阻控集成技术架构图

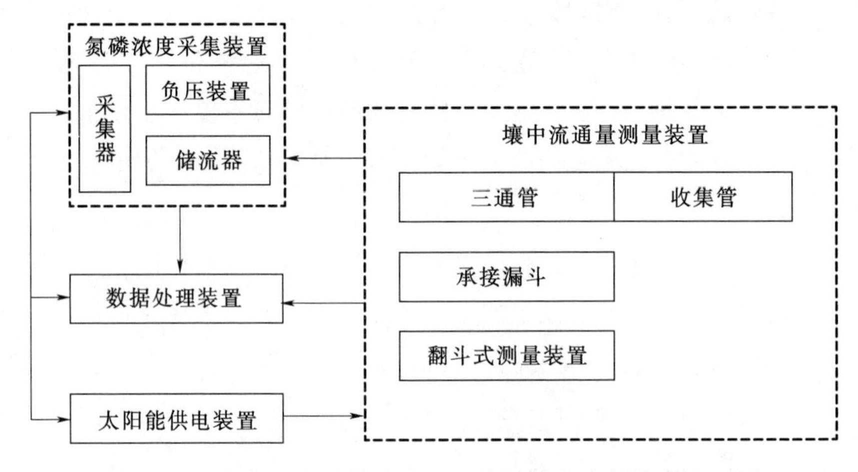

图 7.18　壤中流水沙输移及面源致污过程诊断技术流程图

得壤中流沿程的过程数据；如果要监测不同坡长和土层深度的壤中流，得建设多个观测小区，导致建造费用的增加。并且观测小区在建造过程中需要移去母岩层以上的土壤，以及重新回填，由此会破坏土壤原状结构，且费时费力。由于降雨强度和降雨历时存在着随机性，故集水池的容量设计不可能考虑到所有的降雨情况，因而设计的集水池往往会在暴雨情况下产生溢流，由此导致观测数据缺失。

技术核心参数：针对以上问题，提出了一种壤中流氮磷迁移通量的测量系统及装置，能够实时精确获得土壤壤中流氮磷迁移通量的动态数据。测量壤中流单位面积径流深值与翻斗容积的函数关系的确定：在传统的流体力学应用中，流量公式都是以流体的径流深度为自变量，根据流体力学推导，对于特定测流段，流体的迁移通量与其断面呈线性关系：

$$Q_{t_n} = A\frac{\mathrm{d}h}{\mathrm{d}t}$$

$$Q_{t_n}|_{TP} = \int_{t_1}^{t_n} (c(TP)_{t_n} h_{t_n}) \mathrm{d}_{t_n}$$

$$Q_{t_n}|_{TN} = \int_{t_1}^{t_n} (c(TN)_{t_n} h_{t_n}) \mathrm{d}_{t_n}$$

该技术对现有的土壤壤中流监测系统加以改进，克服现有系统自动测量功能少、不能实现壤中流流量连续测量和沿任意坡面处连续观测等问题，具有运输移动便利、节省人力以及连续获得壤中流动态数据等优势，既适用于室内测试，也适用于野外测试，且不受地形限制。从根本上解决了现有方法自动测量功能少、不能实现壤中流流量连续测量和沿任意坡面处连续观测等问题，能够实时快速准确获得测量结果，具有运输移动便利、节省人力以及连续获得壤中流动态数据等优势，节省了人力和物力，既适用于室内测量，也适用于野外测量，且不受地形限制。可用于农田产排污系数计算、农田面源污染负荷估算、水文过程、水体污染防控等方面。

因缺乏获取泥沙时空分布数据的方法，常用把口站测量值估算整个坡面的平均侵蚀量，不能反映侵蚀过程的时空分布规律，影响了坡面抗蚀措施的优化布局。稀土元素（Rare Earth Elements，REE）具有能被土壤颗粒强烈吸附、难溶于水、植物富集有限、有较低的土壤背景值且分析检测灵敏度高等优势。该诊断方法只需要坡面布置不同稀土元素，建立输沙量和坡长的响应关系，就可以估算任意坡段的输沙量，提高了获取具有空间分布特征的输沙量数据的精度和便捷性。水沙输移及面源致污过程诊断技术为基础，阐明了坡地水沙输移机制，证实了坡地剥蚀与输沙存在线性反馈关系，水流功率是坡地剥蚀输沙的主要驱动机制，提出旱坡地污染物迁移阻控的核心是削减水蚀动能（图 7.19）。

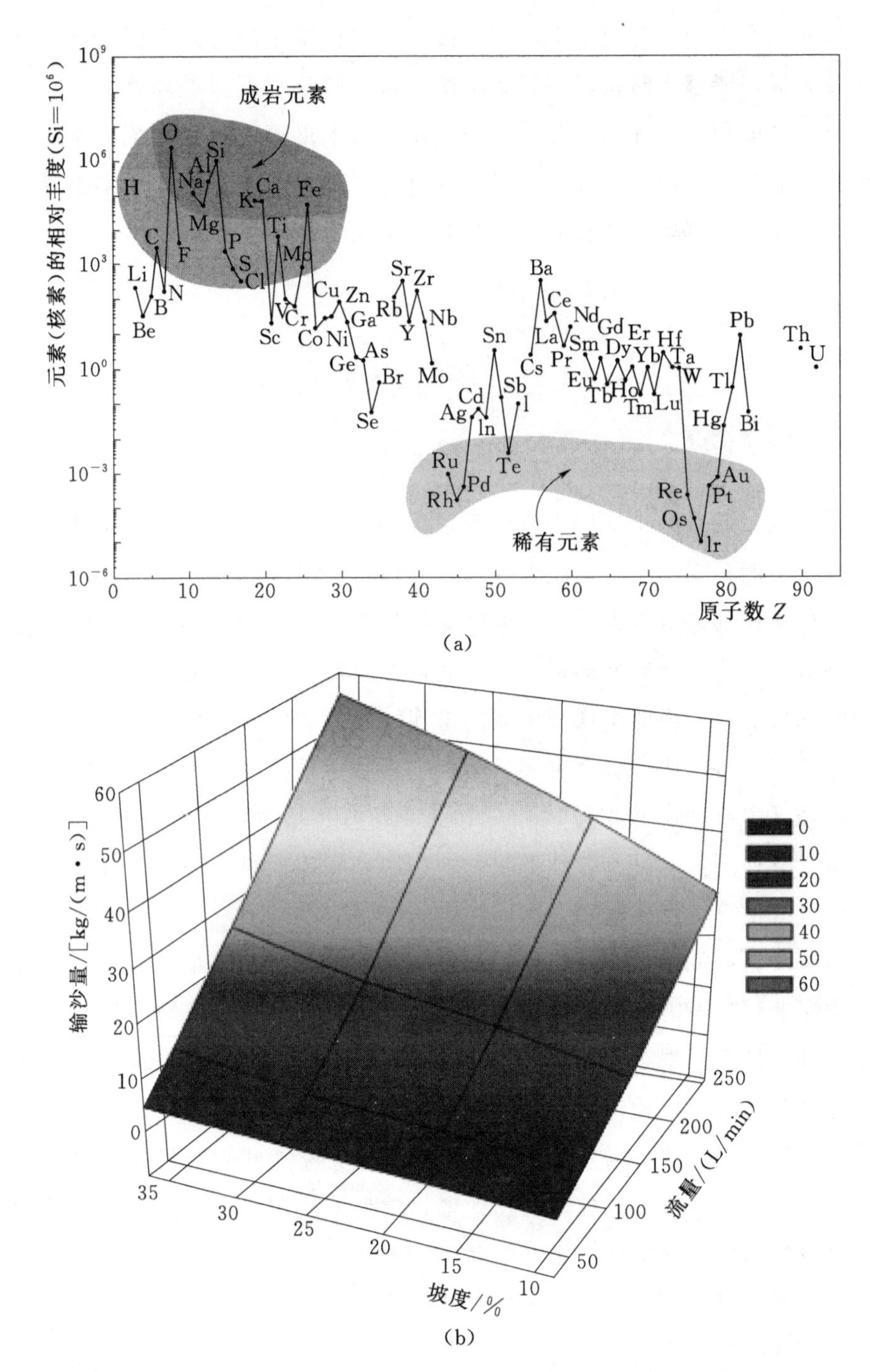

图 7.19　坡面径流水沙输移及面源致污过程诊断技术

坡耕地传统农业面源污染防治措施是起垄耕作和增加秸秆覆盖，起到集雨防蚀的作用。但是，在春玉米生产区特别是紫色土丘陵区，一方面，由于坡耕地地块分散、坡度大以及一年多熟的间套作种植制度制约了农业机械化生产发展；另一方面，间套作种植条件下，小麦收获后，早春玉米已经达到拔节生长期，小麦秸秆翻埋还田无法操作。因此，在中国北方干旱半干旱地区推广应用的秸秆粉碎还田技术在四川丘陵区均难以实现。国内外提高肥料利用率的主要方法是使用缓释肥，或是普通尿素配施尿酶抑制剂和硝化抑制剂等氮肥增效剂来提高肥料氮的肥效，或者应用单一化学制剂进行坡地农业面源污染防治，但主要是各单项技术的应用，考虑的防污途径比较单一，影响应用效果。因此，探寻既能提高坡耕地抗蚀能力并配合简便合理的施肥措施，是紫色土区坡地农业面源污染防治重点解决的问题。

针对紫色土春玉米坡耕地土壤抗蚀性差，暴雨和季节性干旱作用下，水、土、肥流失严重，加上现有施肥技术不合理导致农田面源污染加剧的问题，以“多级阻控削减水蚀动能”为核心，研发集“窄行等高覆膜移栽、宽行施土壤抗蚀调理剂及一次性合理施肥”优化组合的春玉米坡耕地抗蚀增效的面源污染控制技术。图 7.20 为坡地径流调控及氮磷流失阻控技术示意图。

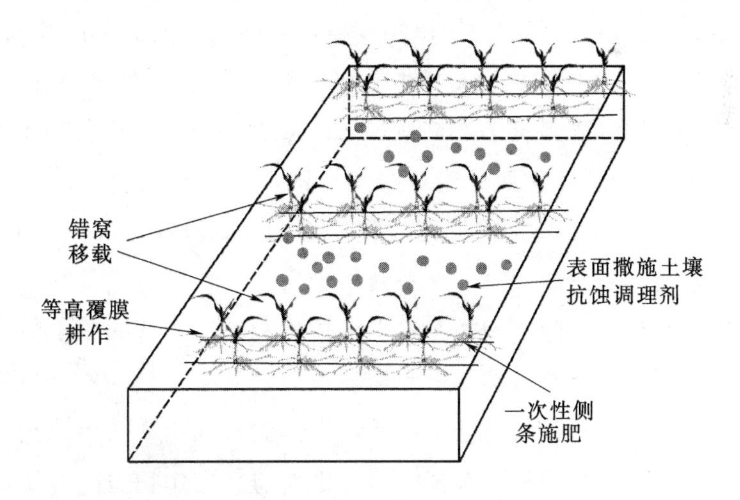

图 7.20　坡地径流调控及氮磷流失阻控技术示意图

对坡地等高地膜覆盖、施用土壤抗蚀调理剂、施用缓释肥等单一技术进行集优补缺，可以减少水土及养分流失和改善土壤质量；与传统单一措施相比，研发技术优化集成了横坡等高地膜覆盖与高分子化学物理调控剂、增效缓释肥技术，相对减少了劳动力和资金投入。与传统单纯横坡垄作、秸秆覆盖、过量施用化肥相比，本发明能够提高含水量5%～9%，土壤容重降低0.05～0.1g/cm^3，地表径流量降低15%左右。库区上游丘陵区夏玉米生产季地表径流系数为16.54%～36.00%，不同耕作方式显著影响地表径流量。与对照T1处理相比，横坡耕作可以显著减少地表径流量，其中T2、T3、T4、T5分别降低了19.9%、22.7%、39.6%和54.1%，表明横坡种植与秸秆覆盖或者地膜覆盖相结合对减少地表径流效果显著。不同耕作方式对径流中泥沙流失量的影响与地表径流流失量变化规律一致，但横坡地膜和横坡秸秆对泥沙的拦蓄耕为明显。所以，在紫色土丘陵区采用横坡种植，并采用地表覆盖种植技术可以有效降低地表径流和泥沙流失量，是控制水体流失的有效措施。

不同处理之间地表径流中氮素累计流失量存在显著性差异，而对地表径流中磷素流失的影响未达显著水平。与传统顺坡种植相比，横坡种植可以减少氮素流失量36%～60%，其中，横坡种植与地膜覆盖或者秸秆覆盖相结合可以明显降低地表径流中氮素流失量。坡耕地产流系数为16%～28%；径流氮输出以溶解态氮所占TN比例42%最高，可溶性总氮流失以硝态氮为主，占TN流失的33%。优化施肥＋横坡垄作＋秸秆覆盖的耕作管理措施下截流效果、氮输出控制效果最佳，产流量较CK减少25%；TN平均输出总量最小，为3.68kg/hm^2。以坡面径流调控及污染负荷减负为核心，筛选出玉米生产季横坡种植＋地膜覆盖减蚀增效农艺措施，既能够显著提高玉米产量，同时对减少水土及养分流失具有显著效果。

(2) 稻油轮作农田氮磷增效及流失阻控集成技术。从养分供应和植物吸收平衡的角度出发，围绕以碳调氮和作物养分增效果减负的原则，从植物营养学、土壤学、农学等多学科联合攻关，提高肥料利用率入手，充分利用来自土壤和环境的养分资源，实现根层养分供应与高产作物需肥规律在数量上匹配、时间上同步、空间上一致，协调作物高产与环境保护，筛选了适宜于稻油轮作农田增效减负的氮磷流失阻控集成技术（图7.21）。通过有机肥合理用量处理可能实现对最高水稻产量的调控，氮肥用量极显著影响水稻产量，有机肥用量显著影响产量，而有机肥用量和氮肥互作效应未达到显著差异，说明通过有机肥合理用量处理可能实现对最高水稻产量的调控。

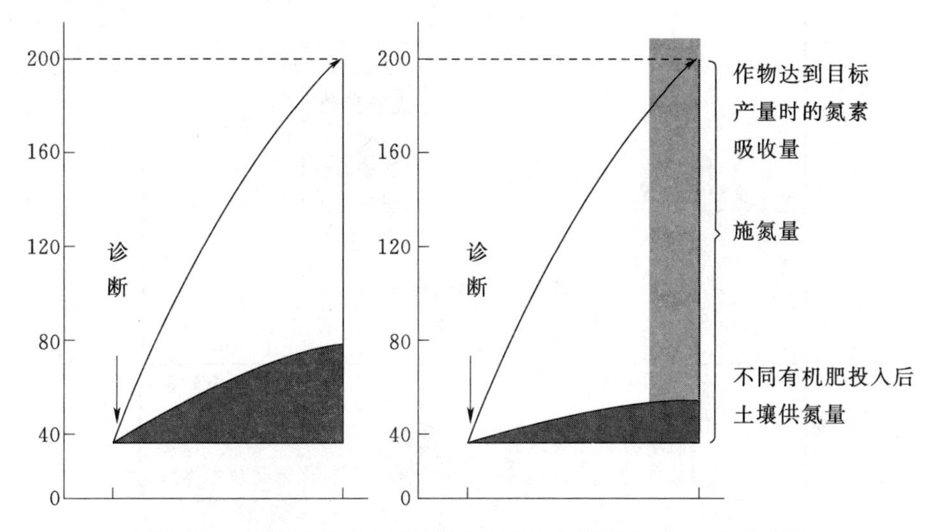

图 7.21 稻油轮作农田氮磷增效及流失阻控技术试验示意图

（3）以碳调氮为核心的种养结合增效减负技术（图 7.22）。农田缺乏有机碳土壤固氮能力差，地力衰竭，土壤板结，氮素流失严重；养殖业废弃物处置不合理，养殖污染成为突出的面源污染问题。畜禽养殖以农民家庭非专业分散养殖为主，畜禽粪便基本没有处理。畜禽养殖业由农民个体家庭饲养逐步走向集约化、工厂化养殖，规模化养殖场畜禽粪便污染的处理率也非常低。由于畜禽粪便处理能力不足，缺乏先进实用技术及设备支撑，从养殖场产生大量的有机污染物和氮、磷等，随每天冲洗的污水流入河道、湖泊，造成水体污染、河水变臭，鱼类大量死亡，对环境造成严重污染。

种养分离，用养脱节，循环利用体系缺位，问题症结在于土壤碳元素缺乏，碳氮不平衡导致土壤固氮能力差、流失严重。健康的土壤有机质至少在5%以上，疏松，保水性和保肥性强，团粒结构好。日本土壤有机质含量在4%～5%，美国土壤有机质含量平均为5%，中国土壤中有机质平均含量在1%左右，库区上游大部分耕地有机质含量在0.5%～2.5%，属于较低水平。土壤合理的碳氮比（C/N）一般在13以上，而库区上游大部分耕地土壤现状C/N一般在7～8。

让有机碳重新回归土壤，消纳有机废弃物的同时增加土壤有机质含量，以

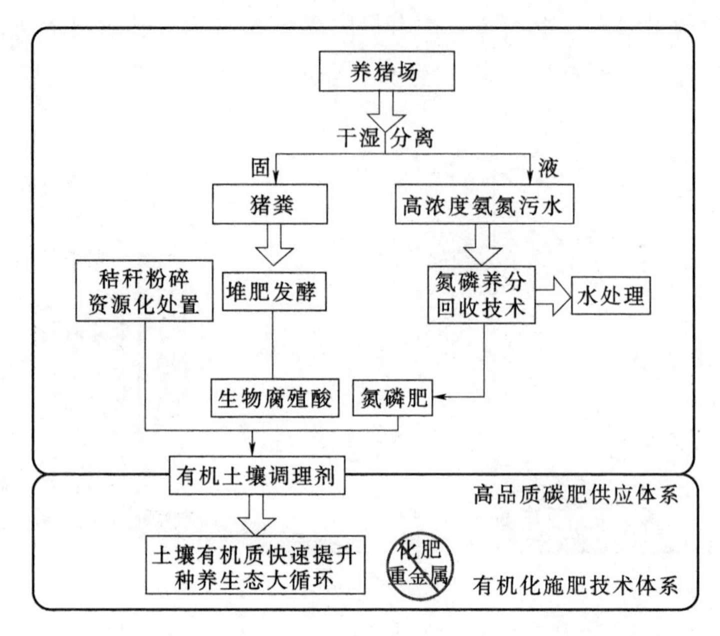

图 7.22　以碳调氮为核心种养结合增效减负技术路线图

碳调氮，实现生物质小循环。增加土壤有机质，可以在增加产量的同时减少化肥用量，平衡养分供应，提高土壤的保水保肥和缓冲性能，形成以农田地力提升为核心的增效减负技术，提高肥料利用率，减少养分的流失。在试验示范区设计了有机无机肥组合试验方案，研究库区上游稻田有机无机配施对作物生产能力、土壤养分状况、作物对化肥氮磷吸收利用能力变化，评价有机无机配施对稻田氮磷排放的风险，以此来控制施肥量对农业水体污染的排放标准。

以配套工程为依托，针对库区上游种养脱节的问题，遵循种养结合、生态循环的原则，结合专业合作组织、土地流转与适度规模生产等形式，通过食物链中各营养级传递达到能量的截获和循环，在中江县仓山镇开展“秸秆-饲料/养殖垫料-废弃物肥料化利用”“食用菌-菌渣生物垫料-废弃物肥料化利用”的农业污染物多级阻控技术的示范推广。

2. 地表水质监测方案

(1) 地表水质监测时段及监测频率。监测时段：响滩河小流域河流断面的监测时段为 2015 年 4—9 月。

监测频率：所有监测断面均每月监测 1 次，共计监测 18 次。

（2）地表水质监测点位。本监测方案列出的监测时段内的监测断面和监测点为中国测试技术研究院生物研究所监测的对象，其余监测时段和项目研究点需要的水质监测数据由课题组自行监测，不再列入本方案中。响滩河小流域的地表水质考核断面的监测委托中国测试技术研究院生物研究所进行，包括响滩河小流域示范区共 2 个断面（图 7.23）。

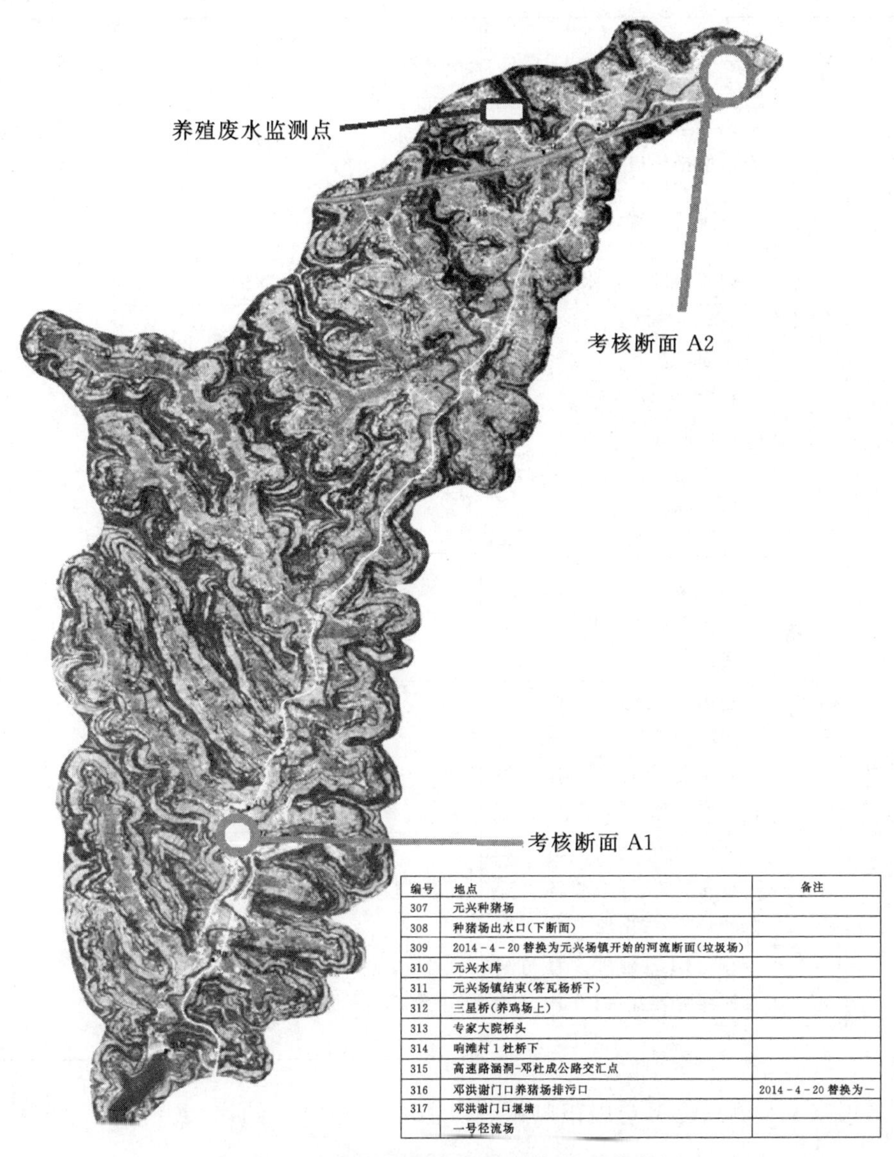

编号	地点	备注
307	元兴种猪场	
308	种猪场出水口(下断面)	
309	2014-4-20 替换为元兴场镇开始的河流断面(垃圾场)	
310	元兴水库	
311	元兴场镇结束(答瓦杨桥下)	
312	三星桥(养鸡场上)	
313	专家大院桥头	
314	响滩村 1 杜桥下	
315	高速路涵洞-邓杜成公路交汇点	
316	邓洪谢门口养猪场排污口	2014-4-20 替换为一
317	邓洪谢门口堰塘	
	一号径流场	

图 7.23　响滩河流域监测考核断面分布图

其中，第一个监测断面位于中江县元兴乡火花村（坐标：N30°33′32.16″，E104°59′56.4″）。该监测点位温氏集团种猪养殖场排污口河段。由于该种猪场蓄水池污水距离郪江河排污口仅为30余米，且污水直接进入河道，检测该点水质变化有助于了解大型养殖场对响滩河河流水质影响（表7.16）。

表7.16　　监测点位信息明细

编号		监测点位	GPS定位		监测机构
			经度	纬度	
考核断面	A1	元兴乡火花村温氏集团养猪场排污口下端，河水	E104°59′45.801″	N30°33′41.171″	中国测试技术研究院生物研究所
	A2	响滩河尾端，河水	E105°02′20.1″	N30°37′5.7″	
研究断面	B1	响滩河源头，水库水	E104°59′35.16″	N30°32′29.1″	自主监测
	B2	元兴乡场镇上端，金凤桥断面，河水	E104°59′37.997″	N30°33′3.815″	
	B3	元兴乡场镇结束地段，谷瓦桥断面，河水	E104°59′48.60″	N30°33′47.129″	
	B4	仓山镇响滩村10社，三新桥断面，河水	E105°51′8.656″	N30°36′27.991″	
	B5	仓山镇响滩村4社，专家大院河流断面，河水	E105°01′44.28″	N30°36′51.48″	
地表水质监测研究点	C1	元兴乡，温氏集团C1养猪场蓄水池	E104°59′59.52″	N30°33′28.74″	
	C2	仓山镇响滩村5社，C2正沟湾径流场，地表径流	E105°01′5.7″	N30°36′54.96″	
	C3	仓山镇响滩村5社，C3正沟湾堰塘，堰塘水	E105°1′1.61″	N30°37′5.963″	
	C4	仓山镇响滩村5社，养猪场排污口与排灌沟渠交汇处，C4沟渠地表水	E105°1′3.388″	N30°37′5.068″	
	C5	仓山镇响滩村5社与响滩河交界沟渠，C5沟渠地表水	E105°1′16.811″	N30°36′54.277″	

第二个监测点位于仓山镇响滩村1社，为响滩河的尾端（坐标：N30°37′5.7″，E105°02′20.1″）。该点位水质监测结果有助于评价郪江河的元兴水库-响

滩村河段对进入下一河段的水质总体变化情况，亦可作为评判水专项项目效果的基础数据之一（表7.16）。

(3) 监测指标。本监测以常规水质监测指标为主，具体监测指标见表7.17。

表7.17　　　　响滩河河流考核断面的监测项目

序号	项目	分析方法	最低检出限/(mg/L)	方法来源
1	化学需氧量	重铬酸钾法	5	GB/T 11914—1989
2	总氮	碱性过硫酸钾消解紫外分光光度法	0.05	GB 11894—89
3	总磷	钼酸铵分光光度法	0.01	GB/T 11893—1989

注　研究点的监测项目在监测断面基础上，增加硝态氮和铵态氮测试。

水质监测评估报告：根据第三方监测方案要求，受中国农业科学院农业环境与可持续发展研究所委托，中国测试技术研究院生物研究所对工程示范区响滩河河流断面水质进行了监测分析。

根据2015年4月—2016年9月连续18个月水质监测结果分析可知，响滩河上游监测点（元兴乡火花村温氏集团养猪场排污口）断面的COD_{Cr}浓度为1.16～79.17mg/L，平均含量为19.533mg/L；总磷浓度为0.113～1.527mg/L，平均含量为0.804mg/L；总氮浓度为10.08～38.04mg/L，平均含量为20.61mg/L。

示范工程考核断面（响滩河尾端）水体的COD_{Cr}浓度为0.623～28.964mg/L，平均含量为13.38mg/L；总磷浓度为0.246～1.576mg/L，平均含量为0.658mg/L；总氮浓度为4.03～16.54mg/L，平均含量为10.13mg/L。

与响滩河上游监测点断面（元兴乡火花村温氏集团养猪场排污口）相比，示范工程考核断面（响滩河尾端）水体的COD_{Cr}平均浓度降低6.16mg/L，较监测断面降低31.52%；总N平均浓度降低10.47mg/L，较监测断面降低50.82%；总磷平均浓度降低0.146mg/L，较监测断面降低18.12%。

3. 示范推广规模与经济效益

项目组研究集成了基于种养一体的农业污染物阻控技术体系与模式，与当地农业主管部门中江县农农业局、仓山镇人民政府和农业产业化企业合作及专业合作社紧密合作，开展“研-企-合作社”沟通参与的种养资源化利用模式，对试验示范区养殖废弃物进行干湿分离，共同研发养殖废弃物资源化利用肥，同时研究作物需养规律和农田对废弃物的承载力限值，农田对养殖废弃物（直接还田和商品化有机肥）的消纳能力和土壤培肥的长期效应，初步提出适宜于库区上游的生猪养殖废弃物安全还田技术体系。

项目实施期间，针对四川省丘陵紫色土区季节性干旱频发、水土和氮磷流失严重等生产制约问题，以坡耕地水肥高效利用为目标，项目组初步集成了坡耕地规范化改制、等高种植、测土配方施肥与增施有机肥相结合、覆膜轻简直播、合理密植等关键技术，在中江县仓山镇响滩子村 1 社、2 社、3 社、4 社、7 社、8 社、9 社、10 社建设旱坡地水肥资源高效利用技术集成示范核心基地 500 亩；针对稻田化肥氮磷投入量大，秸秆废弃物资源循环利用程度低、种养脱节等生产问题，通过集成库区上游稻油轮作农田氮磷流失阻控集成技术，在中江县仓山镇建立核心试验示范区 500 亩。

经中江县农业局和中江县仓山镇人民政府统计，2012—2016 年，由中国农业科学院农业环境与可持续发展研究所牵头的科研团队，在中江县进行了水体污染控制与治理科技重大专项“三峡库区及上游流域农村面源污染控制技术与工程示范”课题中“基于种养平衡的库区上游流域农业面源污染阻控技术研究与集成示范”任务的示范推广工作，建立了库区上游高强度种养流域农村面源污染综合防治示范工程，建立了核心示范区累计 48.8hm^2、技术示范区累计 137.8hm^2、技术辐射区累计 865.4hm^2，三区累计 10.52km^2，该技术成果应用于中江县“全国新增 1000 亿斤粮食生产能力项目”，在我县累计推广应用面积 32.9 万亩。

推广了由库区上游水田水肥一体化氮磷流失阻控集成技术（有机无机配施技术、缓控释肥增效减负技术、生物炭和土壤结构调理剂调库扩容等技术构成）、库区上游旱作坡地径流调控及氮磷流失阻控集成技术（等高横坡增施有机肥技术、地膜覆盖增墒调蓄技术、秸秆覆盖水沙调控技术等技术构成）、生猪养殖粪污低污染排放及资源化利用技术集成技术（由干湿分离有机肥制备技术、沉渣池＋生物基质池＋绿狐尾藻植物塘组合的湿地净化等技术构成）等组成的综合防控技术体系。经统计：累计减少化学氮肥（纯氮）使用927.96t，化学磷肥（五氧化二磷）使用417.6t（以纯氮和五氧化二磷计），节约肥料投入842.62万元；经济效益为842.62万元，同时水稻和油菜保持稳产或略有增产，化肥利用率平均提高了4.2个百分点，消纳作物秸秆11.6万t，坡耕地氮流失减少1525.52t，磷流失减少136.56t，坡地径流氮流失减少71.4t，径流磷流失减少6.56t，径流氮流失削减33.1%，径流磷削减31.3%；消纳猪粪和基肥为原料的商品有机肥6000t，生猪养殖粪污处理率达到91%。

说明：经济效益（节支总额）根据化肥减施量与化肥价格计算得出。化肥氮以尿素为标准来计算，每吨氮价格为4580元，每吨五氧化二磷价格为5000元，坡地小麦玉米轮作系统增效减负集成技术比常规施肥减少氮投入219.84元/(hm^2·a)，减少五氧化二磷投入90元/(hm^2·a)，稻油轮作系统增效减负集成技术比常规施肥减少氮投入137.4元/(hm^2·a)，减少五氧化二磷投入67.5元/(hm^2·a)，年消纳猪粪基有机肥0.4t/亩。示范区氮磷的减排量：根据第三方（中国测试技术研究院生物研究所）在示范区（四川省中江县仓山镇响滩河小流域）监测结果计算得出。

4. 生态环境效益

根据2016年1—9月连续9个月的监测结果分析可知，生猪养殖场养殖废水处理系统示范工程年处理生猪养殖粪污73t，考核断面（出水口）与进水口比较，水体中COD_{Cr}由平均含量1507mg/L降低为22.55mg/L；总磷由平均含量115.43mg/L降低为0.646mg/L；总氮由平均含量为1575mg/L降低为7.56mg/L，水体中COD_{Cr}、总磷和总氮的去除率分别为98.50%、99.43%和99.51%。年减排COD约3.54t，TN约4.05t，TP约0.21t。

根据2015年4月至2016年9月的连续18个月水质监测结果分析标明，项目示范区考核断面（响滩河尾端）与响滩河上游监测点断面相比，示范工程考核断面（响滩河尾端）水体中COD_{Cr}、总磷和总氮的去除率分别为31.52%、50.82%、18.12%。示范工程对小流域水质改善作用明显，示范区氮磷减排分别为89.41t和1.62t，达到了主要污染物削减指标。通过有机无机配施，种养结合农田消纳猪粪基肥为原料的有机肥2328t，降低了化肥氮磷投入。

项目核心示范区水稻生产示范

项目核心示范区油菜生产示范

项目核心示范区小麦生产示范

项目核心示范区玉米生产示范

项目核心示范区猕猴桃生产示范

参考文献

Alliaume F, Rossing W A H, Tittonell P, et al. Reduced tillage and cover crops improve water capture and reduce erosion of fine textured soils in raised bed tomato systems [J]. Agriculture Ecosystemts & Environment, 2014, 183 (7483): 127-137.

Amezketa E, Aragues R. Flocculation-dispersion behaviour of arid-zone soil clays as affected by electrolyte concentration and composition [J]. Investigacion Agraria Produccion Y Proteccion Vegetales, 1995, 10: 101-112.

Amézketa E. Soil Aggregate Stability: A Review [J]. Journal of Sustainable Agriculture, 1999, 14 (2): 83-151.

Arora H S, Coleman N T. The influence of electrolyte concentration on flocculation of clay suspensions [J]. Soil Science, 1979, 27 (3): 134-139.

Arshad M A, Coen G M. Characterization of soil quality: physical and chemical criteria [J]. American Journal of Alternative Agriculture, 1992, 7 (1-2): 25-31.

Bartoli F, Burtin G, Guerif J. Influence of organic matter on aggregation in Oxisols rich in gibbsite or in goethite. II. Clay dispersion, aggregate strength and water-stability [J]. Geoderma, 1992, 54 (1-4): 259-274.

Bartoli F, Philippy R, Doirisse M, et al. Structure and self-similarity in silty and sandy soils: the fractal approach. [J]. European Journal of Soil Science, 1991, 42 (42): 167-185.

Barzegar A R, Oades J M, Rengasamy P, et al. Effect of sodicity and salinity on disaggregation and tensile strength of an Alfisol under different cropping systems [J]. Soil & Tillage Research, 1994, 32 (4): 329-345.

Bennett H H. Some Comparisons of the Properties of Humid-Tropical and Humid-Temperate American Soils; With Special Reference to Indicated Relations Between Chemical Composition and physical Properties [J]. Soil Science, 1926, 21 (5): 349-376.

Bissonnais Y L, Agassi M. Soil characteristics and aggregate stability. [J]. Soil Erosion Conservation & Rehabilitation, 1996.

Bissonnais Y L. Experimental study and modelling of soil surface crusting processes. [J]. Catena Supplement, 1990, 17: 13 - 28.

Bonilla C A, Johnson O I. Soil erodibility mapping and its correlation with soil properties in Central Chile [J]. Circuits & Systems I Regular Papers IEEE Transactions on, 2015, 62 (2): 536 - 544.

Borselli L, Torri D, Poesen J, Iaquinta P. A robust algorithm for estimating soil erodibility in different climates [J]. Catena. 2012, 97 (5): 85 - 94.

Bouyoucos G J. The Clay Ratio as a Criterion of Susceptibility of Soils to Erosion1 [J]. Journal of the American Society of Agronomy, 1935 (9): 738 - 741.

Caravaca F, Hernández T, Garcí A C, et al. Improvement of rhizosphere aggregate stability of afforested semiarid plant species subjected to mycorrhizal inoculation and compost addition [J]. Geoderma, 2002, 108 (1): 133 - 144.

Coote D R, Malcolmmcgovern C A, Wall G J, et al. Seasonal variation of erodibility indices based on shear strength and aggregate stability in some Ontario soils. [J]. Canadian Journal of Soil Science, 1988, 68 (2): 405 - 416.

Crescimanno G. Influence of salinity and sodicity on soil structural and hydraulic characteristics [J]. Soil Science Society of America Journal, 1995, 59 (6): 1701 - 1708.

Curtin D, Steppuhn H, Mermut A R, et al. Sodicity in irrigated soils in Saskatchewan: chemistry and structural stability. [J]. Canadian Journal of Soil Science, 1995, 75 (2): 177 - 185.

Czarnes S, Hallett P D, Bengough A G, et al. Root - and microbial - derived mucilages affect soil structure and water transport. [J]. European Journal of Soil Science, 2000, 51 (3): 435 - 443.

Defossez P, Richard G. Models of soil compaction due to traffic and their evaluation [J]. Soil & Tillage Research, 2002, 67 (1): 41 - 64.

Degens B, Sparling G. Changes in aggregation do not correspond with changes in labile organic C fractions in soil amended with ^{14}C - glucose [J]. Soil Biology & Biochemistry, 1996, 28 (4): 453 - 462.

Dexter A R, Horn R, Kemper W D. Two mechanisms for age - hardening of soil. [J]. European Journal of Soil Science, 1988, 39 (2): 163 - 175.

Dexter A R. Advances in characterization of soil structure [J]. Soil & Tillage Research, 1988, 11 (3 - 4): 199 - 238.

Domsch K H, Paul E A, Ladd J N (eds.): Soil Biochemistry, Vol. 5 (Books in Soils and the Environment Series). Marcel Dekker, Inc. New York and Basel 1981. XV, 480 Seiten, SF 175.00 [J]. Journal of Plant Nutrition & Soil Science, 1982, 145 (1): 96-97.

Edwards A P, Bremner J M. Microaggregates in Soils [J]. European Journal of Soil Science, 1900, 18 (1): 64-73.

Elliott E T. Aggregate Structure and Carbon, Nitrogen, and phosphorus in Native and Cultivated Soils [J]. Soil Science Society of America Journal, 1986, 50 (3): 627-633.

Emerson W W. The slaking of soil crumbs as influenced by clay mineral composition [J]. Australian Journal of Soil Research, 1964, 2 (2): 211-217.

Fan J, Gao Y, Wang Q J, et al. Mulching effects on water stroage in soil and its depletion by alfalfa in the Loess Plateau of northwestern China [J]. Agricultural Water Management. 2014, 138 (22): 10-16.

Fattet M, Fu Y, Ghestem M, et al. Effects of vegetation type on soil resistance to erosion: Relationship between aggregate stability and shear strength [J]. Fuel & Energy Abstracts, 2011, 87 (1): 60-69.

Frenkel H, Goertzen J O, Rhoades J D. Effects of Clay Type and Content, Exchangeable Sodium Percentage, and Electrolyte Concentration on Clay Dispersion and Soil Hydraulic Conductivity1 [J]. Soil Science Society of America Journal, 1978, 42 (1): 32-39.

Ghebreiyessus Y T, Gantzer C J, Alberts E E, et al. Soil Erosion by Concentrated Flow: Shear Stress and Bulk Density [J]. Transactions of the Asae, 1994, 37 (6): 1791-1797.

Ghebreiyessus Y T, Gantzer C J, Alberts E E, et al. Soil Erosion by Concentrated Flow: Shear Stress and Bulk Density [J]. Transactions of the Asae, 1994, 37 (6): 1791-1797.

Giménez R, Govers G. Effects of freshly incorporated straw residue on rill erosion and hydraulics [J]. Catena, 2008, 72 (2): 214-223.

Golchin A. Structural and dynamic properties of soil organic matter as reflected by ^{13}C natural abundance, pyrolysis mass spectrometry and solid-state ^{13}C NMR spectroscopy in density fractions of an oxisol under forest and pasture [J]. Aust. j. soil Res, 1995, 33 (1): 59-76.

Golchin A, Oades J M, Skjemstad J O, et al. Soil structure and carbon cycling [J]. Australian Journal of Soil Research, 1994, 32 (5): 1043-1068.

Goldberg S, Forster H S. Flocculation of reference clays and arid-zone soil clays. [J].

Soil Science Society of America Journal, 1990, 54 (3): 714 - 718.

Govers G, Everaert W, Poesen J, et al. A long flume study of the dynamic factors affecting the resistance of a loamy soil to concentrated flow erosion [J]. Earth Surface Processes & Landforms, 1990, 15 (4): 313 - 328.

Grissinger E H. Resistance of selected clay systems to erosion by water [J]. Water Resources Research, 1966, 2 (1): 131 - 138.

Guerra A. The effect of organic matter content on soil erosion in simulated rainfall experiments in W. Sussex, UK [J]. Soil Use & Management, 2007, 10 (2): 60 - 64.

Guillou C L, Angers D A, Maron P A, et al. Linking microbial community to soil water stable aggregation during crop residue decomposition. Soil Biology & Biochemistry, 2012, 50 (5): 126 - 133.

Gussak V B. A device for the rapid determination of erodibility of soils and some results of its application [J]. Abstract in soils and Fertilizers, 1946 (10).

Hamza M A, Anderson W K. Soil compaction in cropping systems : A review of the nature, causes and possible solutions [J]. Soil & Tillage Research, 2005, 82 (2): 121 - 145.

Haynes R J, Beare M H. Influence of six crop species on aggregate stability and some labile organic matter fractions [J]. Soil Biology & Biochemistry, 1997, 29 (11): 1647 - 1653.

Heil D, Sposito G. Organic Matter Role in Illitic Soil Colloids Flocculation: Ⅲ. Scanning Force Microscopy [J]. Soil Science Society of America Journal, 1995, 59 (1): 266.

Katsuhiko I, Kazutake K. Dispersion behavior of soils from reclaimed lands with poor soil physical properties and their characteristics with special reference to clay mineralogy [J]. Soil Science and Plant Nutrition, 1995, 41 (1): 45 - 54.

Jankauskas B, Jankauskienė G, Fullen M A. Relationships between soil organic matter content and soil erosion severity in Albeluvisols of the Žemaičiai Uplands [J]. Ekologija, 2007.

Jastrow J D, Miller R M. Methods for assessing the effects of biota on soil structure [J]. Agriculture Ecosystems & Environment, 1991, 34 (34): 279 - 303.

Jenkinson D S, Ladd J N. Microbial biomass in soil: measurement and turnover [J]. Soil Biochemistry, 1981.

Kandeler E, Murer E. Aggregate stability and soil microbial processes in a soil with different cultivation [J]. Geoderma, 1993, 56 (1 - 4): 503 - 513.

Kaplan D I, Sumner M E, Bertsch P M, et al. Chemical Conditions Conducive to the Release of Mobile Colloids from Ultisol Profiles [J]. Soil Science Society of America, 1996, 60 (1): 269 - 274.

Kemper W D, Trout T J, Rosenau R C. Furrow Erosion and Water and Soil Management [J]. Thought, 1985, 28 (5).

King K W, Flanagan D C, Norton L D, et al. Rill erodibility parameters influenced by long - term management practices [J]. Transactions of the ASAE, 1995, 38 (1): 159 - 164.

Knapen A, Poesen J, Govers G, et al. Resistance of soils to concentrated flow erosion: A review [J]. Earth - Science Reviews, 2007, 80 (1 - 2): 75 - 109.

Kretzschmar R, Robarge W P, Weed S B. Flocculation of Kaolinitic Soil Clays: Effects of Humic Substances and Iron Oxides [J]. Soil Science Society of America Journal, 1993, 57 (5): 1277 - 1283.

Lei T, Nearing M A, Haghighi K, et al. Rill erosion and mor physical evolution: A simulation model [J]. 1998, 34 (11): 3157 - 3168.

Lei T W, Zhang Q W, Yan L J, et al. A rational method for erodibility and critical shear stress of eroding Rill [J]. Geoderma, 2008, 144 (3/4): 628 - 633.

Levy G J, Torrento, et al. Clay dispersion and macroaggregate stability as affected by exchangeable potassium and sodium [J]. Soil Science, 1995, 160 (160): 352 - 358.

Li Z W, Zhang G H, Geng R, et al. Rill erodibility as influenced by soil and land use in a small watershed of the Loess Platea, China. Biosystems Engineering, 2015, 129: 248 - 257.

Liu H Z, Li S H, Zhang Q W. Simula tion of non - point source pollution load in the Xiangtan Stream basin through swat model. International Geoscience and Remote Sensing Symposium (IGARSS), 2016, 2016 - Novermber, 4135 - 4138.

Liu Y M, Zhang G H, Li L J, et al. Quantitative effects of hydro - dynamic parameters on soil detachment capacity of overland flow. [J]. Transactions of the Chinese Society of Agricultural Engineering, 2009, 25 (6): 96 - 99 (4).

Mandelbrot B B. From Chance and Dimension. San Francisco: W. H. Freeman and Company. 1977: 1 - 234.

Mandelbrot B B. The Fractal Geometry of Nature. San Francisco: W. H. Freeman and Company. 1982: 45 - 256.

Middleton H E. Properties of soils which influence soil erosion [J]. Technical Bulletins, 1930.

Nearing M A, Bradford J M, Parker S C. Soil Detachment by Shallow Flow at Low Slopes [J]. Soil Science Society of America Journal, 1991, 55 (2): 351-357.

Nearing M A. A Probabilistic Model Of Soil Detachment By Shallow Turbulent Flow [J]. Transactions of the Asae, 1991, 34 (1): 0081.

Nearing M A, Parker S C. Detachment of soil by flowing water under turbulent and laminar conditions [J]. Soil Science Society of America Journal, 1994, 58 (6): 1612-1614.

Oades J M, Waters A G. Aggregate hierarchy in soils. [J]. Australian Journal of Soil Research, 1991, 29 (6): 815-828.

Olson T C, Wischmeier W H. Soil-Erodibility Evaluations for Soils on the Runoff and Erosion Stations [J]. Soil Science Society of America Journal, 1963, 27 (5): 590-592.

Oster J D, Shainberg I, Wood J D. Flocculation value and gel structure of sodium/calcium montmorillonite and illite suspensions. [J]. Soil Science Society of America Journal, 1980, 44 (5): 955-959.

Pan C, Shangguan Z. Runoff hydraulic characteristics and sediment generation in sloped grassplots under simulated rainfall conditions [J]. Journal of Hydrology, 2006, 331 (1): 178-185.

Pinheiro-Dick D, Schwertmann U. Microaggregates from Oxisols and Inceptisols: dispersion through selective dissolutions and physicochemical treatments [J]. Geoderma, 1996, 74 (1-2): 49-63.

Poesen J, Luna E D, Franca A, et al. Concentrated flow erosion rates as affected by rock fragment cover and initial soil moisture content [J]. Catena, 1999, 36 (4): 315-329.

Quirk J P, Murray R S. Towards a model for soil structural behaviour. [J]. Australian Journal of Soil Research, 1991, 29 (6): 829-867.

Rauws G, Auzet A V. Laboratory experiments on the effects of simulated tractor wheelings on linear soil erosion [J]. Soil & Tillage Research, 1989, 13 (1): 75-81.

Rillig M C, Wright S F, Eviner V T. The role of arbuscular mycorrhizal fungi and glomalin in soil aggregation: comparing effects of five plant species [J]. Plant and Soil, 2002, 238 (2): 325-333.

Rodríguez-Caballero E, Cantón Y, Chamizo S, et al. Effects of biological soil crusts on surface roughness and implications for runoff and erosion [J]. Geomorphology, 2012, 145-146 (1): 81-89.

Rosolem C A, Marcello C S. Soybean root growth and nutrition as affected by liming and phosphorus application [J]. Scientia Agricola, 1997, 55 (3): 448 - 455.

Schlüter S, Weller U, Vogel H J. Soil - structure development including seasonal dynamics in a long - term fertilization experiment [J]. Journal of Plant Nutrition and Soil Science = Zeitschrift fuer Pflanzenernaehrung und Bodenkunde, 2011, 174 (3): 395 - 403.

Shainberg I, Letey J. Response of Soils to Sodic and Saline Conditions [J]. 1984, 52 (2): 1 - 57.

Shi Z H, Chen L D, Fang N F, et al. Research on the SCS - CN initial abstraction ratio using rainfall - runoff event analysis in the Three Gorges Area, China [J]. Catena, 2009, 77 (1): 1 - 7.

Sidorchuk A. Stochastic components in the gully erosion modelling [J]. Catena, 2005, 63 (2): 299 - 317.

Six J, Paustian K. Aggregate - associated soil organic matter as an ecosystem property and a measurement tool [J]. Soil Biology & Biochemistry, 2014, 68 (1): A4 - A9.

Skjemstad J O, Janik L J, Head M J, et al. High energy ultraviolet photo - oxidation: a novel technique for studying physically protected organic matter in clay - and silt - sized aggregates [J]. European Journal of Soil Science, 1993, 44 (3): 485 - 499.

So H B, Aylmore L, So H B, et al. How do sodic soils behave - the effects of sodicity on soil physical behavior [J]. Australian Journal of Soil Research, 1993, 31 (6): 761 - 777.

Sparling G P, Shepherd T G, Kettles H A. Changes in soil organic C, microbial C and aggregate stability under continuous maize and cereal cropping, and after restoration to pasture in soils from the Manawatu region, New Zealand [J]. Soil & Tillage Research, 1992, 24 (3): 225 - 241.

Tarchitzky J, Chen Y, Banin A. Humic Substances and pH Effects on Sodium - and Calcium - Montmorillonite Flocculation and Dispersion [J]. Soil Science Society of America Journal, 1993, 57 (2): 367 - 372.

Van Den Broek. Clay dispersion and pedogenesis of soils with an abrupt contrast in texture, a hydro - pedological approach on subcatchment scale [D]. University of Amsterdam. 1989.

Tisdall J M, Oades J M. Landmark Papers: No. 1. Organic matter and water - stable aggregates in soils [J]. European Journal of Soil Science, 2012, 63 (1): 8 - 21.

TisdallI J M, Oades J M. Organic matter and water - stable aggregates in soils [J]. Journal of Soil Science, 1982, 33 (2): 141 - 163.

Turmel M, Speratti A, Baudron F, et al. Crop residue management and soil health: A systems analysis [J]. Agricultural Systems, 2015, 134: 6-16.

Vega J A, Fernández C, Fonturbel T, et al. Testing the effects of straw mulching and herb seeding on soil erosion after fire in a gorse shrubland [J]. Geoderma, 2014, 223/224/225 (5): 79-87.

Wang B, Zheng F L, Römkens M J M, et al. Soil erodibility for water erosion: a perspective and Chinese experiences [J]. Geomorphology, 2013, 187 (5): 1-10.

Wang D, Wang Z, Shen N, et al. Modeling soil detachment capacity by rill flow using hydraulic parameters [J]. Journal of Hydrology, 2016, 535: 473-479.

Wang L, Cheng H, et al. Soil Aggregate Stability and Iron and Aluminium Oxide Contents Under Different Fertiliser Treatments in a Long-Term Solar Greenhouse Experiment [J]. Pedosphere, 2016, 26 (5): 760-767.

Wang Y, Zhang J H, Zhang Z H. Influences of intensive tillage on water-stable aggregate distribution on a steep hillslope [J]. Soil & Tillage Research, 2015, 151: 82-92.

Won C K, Yong H C, Min H S, et al. Effects of rice straw mats on runoff and sediment discharge in a lablorаtory rainfall simulation [J]. Geoderma, 2012, 189/190 (6): 164-169.

Wu X, Cai C, Wang J, et al. Spatial variations of aggregate stability in relation to sesquioxides for zonal soils, South-central China [J]. Soil & Tillage Research, 2016, 157: 11-22.

Zhang G H, Liu Y M, Han Y F, et al. Sediment transport and soil detachment on steep slopes: I. Transport capacity estimation. [J]. Soil Science Society of America Journal, 2009, 73 (4): 1291-1297.

Zhang G H, Tang K, Ren Z, et al. Impact of grass root mass density on soil detachment capacity by concentrated flow on steep slopes [J]. Transactions of the Asabe, 2013, 56 (3): 927-934.

Zhang Q W , DongY Q, Li F, et al. Quantifying detachment rate of eroding rill or ephemeral gully for WEPP with flume experiments [J]. Journal of Hydrology, 2014, 519: 2012-2019.

Zhang Q W, Li Y. Effectiveness assessment of soil conservation measures in reducing soil erosion in Baiquan County of Northeastern China by using 137Cs techniques. Environ. Sci. Processes Impacts, 2014, 16 (6): 1480-1488.

Zhang Q W, Liu D H, Chen S H, et al. Combined effects of runoff and soil erodibility on available nitrogen losses from sloping farmland affected by agricultural practices. Agricultural Water Management. 2016, 176, 1-8.

Zhang Q W, Chen S H, Dong Y Q, et al. phosphorus losses in surface runoff from sloping farmland treated by agricultural practices. Land Degradation & Development, 2017, 28, 1704-1716.

安韶山，黄懿梅，刘梦云，等. 宁南宽谷丘陵区土壤肥力质量对生态恢复的响应 [J]. 水土保持研究，2005，12 (3)：22-26.

曹文洪. 土壤侵蚀的坡度界限研究 [J]. 水土保持通报，1993 (4)：1-5.

陈法扬. 不同坡度对土壤冲刷量影响试验 [J]. 中国水土保持，1985 (2).

陈吉，赵炳梓，张佳宝，等. 主成分分析方法在长期施肥土壤质量评价中的应用 [J]. 土壤，2010，42 (3)：415-420.

陈明华，聂碧娟. 土壤侵蚀转折坡度的研究 [J]. 亚热带水土保持，1995 (3)：35-38.

陈尚洪，张晴雯，陈红琳，等. 四川丘陵农区地表水水质时空变化与污染现状评价 [J]. 农业工程学报，2016，32 (增刊 2)：52-59.

陈晓燕，牛青霞，周继，等. 人工模拟降雨条件下紫色土陡坡地土壤颗粒分布空间变异特征 [J]. 水土保持学报，2010，24 (5)：163-168.

陈晏，史东梅，文卓立，等. 紫色土丘陵区不同土地利用类型土壤抗冲性特征研究 [J]. 水土保持学报，2007，21 (2)：24-27.

陈永宗. 黄土高原现代侵蚀与治理 [M]. 北京：科学出版社，1988.

陈正维，刘兴年，朱波. 基于 SCS-CN 模型的紫色土坡地径流预测 [J]. 农业工程学报，2014，30 (7)：72-81.

陈智，蒋先军，罗红燕，等. 土壤微生物生物量在团聚体中的分布以及耕作影响 [J]. 生态学报，2008，28 (12)：5964-5969.

程先富，史学正，王洪杰. 红壤丘陵区耕层土壤颗粒的分形特征 [J]. 地理科学，2003，23 (5)：617-621.

戴全厚，刘国彬，薛萐，等. 侵蚀环境人工刺槐林土壤水稳性团聚体演变及其养分效应 [J]. 水土保持通报，2008，28 (4)：56-59.

邓良基，侯大斌，凌静. 四川旱耕地的特征、问题及持续利用探讨 [J]. 西南农业学报，2001，14 (s1)：96-102.

董莉丽，郑粉莉. 土地利用类型对土壤微生物量和有机质的影响 [J]. 水土保持通报，2009 (6)：10-15.

杜娟，张永青，徐文红，等. 基于种养结合下南京市畜禽养殖承载能力的研究 [J]. 畜牧与兽医，2015，47（12）：69－74.

冯杰，郝振纯，陈启慧. 分形理论在土壤大孔隙研究中的应用及其展望［J］. 土壤，2001，33（3）：123－130.

高丽倩，赵允格，秦宁强，等. 黄土丘陵区生物结皮对土壤可蚀性的影响［J］. 应用生态学报，2013，24（1）：105－112.

葛方龙，张建辉，苏正安，等. 坡耕地紫色土养分空间变异对土壤侵蚀的响应［J］. 生态学报，2007，27（2）：459－464.

龚元石，廖超子. 土壤含水量和容重的空间变异及其分形特征［J］. 土壤学报，1998（1）：10－15.

顾以韧，吕学斌，曾仰双，等. 四川省生猪产业现状及发展建议［J］. 四川畜牧兽医，2018（2）：16－19.

郭明明，王文龙，史倩华，等. 黄土高塬沟壑区退耕地土壤抗冲性及其与影响因素的关系［J］. 农业工程学报，2016，32（10）：129－136.

郭甜，何丙辉，蒋先军，等. 紫色土区植物篱对坡面土壤微生物特性的影响［J］. 水土保持学报，2011，25（5）：94－98.

何富广，赵荣慧. 辽西地区油松混交林抗蚀改土效益的研究［J］. 土壤学报，1994（2）：170－179.

何振立. 上壤微生物量及其在养分循环和环境质量评价中的意义［J］. 土壤，1997（2）：61－65.

胡海波，魏勇，仇才楼. 苏北沿海防护林土壤可蚀性的研究［J］. 水土保持研究，2001，8（1）：150－154.

胡建忠，范小玲. 黄土高原沙棘人工林地土壤可蚀性指标探讨［J］. 水土保持通报，1998，18（2）：25－30.

胡雪飙. 重庆市畜禽养殖区域环境承载力研究及污染防治对策［D］. 重庆：重庆大学，2006.

黄昌勇. 面向21世纪课程教材，土壤学［M］. 北京：中国农业出版社，2000.

黄进，杨会，张金池. 桐庐生态公益林主要林分类型土壤可蚀性研究［J］. 水土保持学报，2010，24（1）：49－52.

黄新君，陈尚洪，刘定辉，等. 秸秆覆盖和有机质输入对紫色土土壤可蚀性的影响［J］. 中国农业气象，2016，37（3）：289－296.

黄新君，陈尚洪，刘定辉，等. 秸秆覆盖和有机质输入对紫色土土壤可蚀性的影响［J］. 中国农业气象，2016，37（3）：289－296.

贾伟. 中国粪肥养分资源现状及其合理利用分析 [D]. 北京：中国农业大学，2014.

蒋定生. 黄土高原水土流失与治理模式 [M]. 北京：中国水利水电出版社，1999.

蒋定生. 黄土可蚀性的研究 [J]. 土壤学报，1978 (4)：20-23.

雷廷武，张晴雯，闫丽娟. 细沟侵蚀物理模型 [M]. 北京：科学出版社，2009.

李安萍. 成都市畜禽养殖业污染治理研究 [D]. 成都：四川大学，2006.

李保国. 分形理论在土壤科学中的应用及其展望 [J]. 土壤学进展，1994 (1)：1-10. 1-10.

李潮海，李胜利，王群，等. 下层土壤容重对玉米根系生长及吸收活力的影响 [J]. 中国农业科学，2005，38 (8)：1706-1711.

李笃仁，高绪科，汪德水. 土壤紧实度对作物根系生长的影响 [J]. 土壤通报，1982 (3).

李富程，花小叶，江仁涛，等. 紫色土坡地土壤性质对耕作侵蚀的影响 [J]. 水土保持通报，2016，36 (4)：152-157.

李海燕，贾国梅，方向文，等. 裸地休闲和春小麦生长条件下土壤微生物量和土壤有机质动态研究 [J]. 兰州大学学报（自科版），2006，42 (4)：34-36.

李婕，杨学云，孙本华，等. 不同土壤管理措施下土团聚体的大小分布及其稳定性 [J]. 植物营养与肥料学报，2014，20 (2)：346-354.

李军锋，赵秀海. 分形理论在集材道土壤团聚体研究中的应用 [J]. 应用生态学报，2005，16 (9)：1795-1797.

李林育，王志杰，焦菊英. 紫色土丘陵区侵蚀性降雨与降雨侵蚀力特征 [J]. 中国水土保持科学，2013，11 (1)：8-16.

李强，刘国彬，许明祥，等. 黄土丘陵区冻融对土壤抗冲性及相关物理性质的影响 [J]. 农业工程学报，2013，29 (17)：105-112.

李晓龙，高聚林，胡树平，等. 不同深耕方式对土壤三相比及玉米根系构型的影响 [J]. 干旱地区农业研究，2015，33 (4)：1-7.

李学垣. 土壤化学 [M]. 北京：高等教育出版社，2001.

李映强，曾觉廷. 不同耕作制下水稻土有机物质变化及其团聚作用 [C]. 全国土壤物理学术讨论会，1988：404-409.

李勇，吴钦孝，朱显谟，等. 黄土高原植物根系提高土壤抗冲性能的研究——Ⅰ. 油松人工林根系对土壤抗冲性的增强效应 [J]. 水土保持学报，1990 (1)：1-5.

李勇，张晴雯，李璐，等. 植物根系强化黄土土层化学风化速率的作用 [J]. 水土保持学报，2005，19 (1)：5-9.

李勇，朱显谟，田积莹，等. 黄土高原土壤抗冲性机理初步研究 [J]. 科学通报，1990，(5)：390-393.

李月芬，汤洁，李艳梅．用主成分分析和灰色关联度分析评价草原土壤质量［J］．世界地质，2004，23（2）：169－174.

李月梅．氮磷钾肥施用对甘蓝型春油菜产量及肥料利用效率的影响［J］．中国油料作物学报，2012，34（2）：174－180.

李志洪，王淑华．土壤容重对土壤物理性状和小麦生长的影响［J］．土壤通报，2000，31（2）：55－57.

林培松，高全洲．不同土地利用方式下紫色土结构特性变化研究［J］．水土保持研究，2010，17（4）：134－138.

林素兰，黄毅，聂振刚，等．辽北低山丘陵区坡耕地土壤流失方程的建立［J］．土壤通报，1997（6）：251－253.

林超文，罗春燕，庞良玉，等．不同耕作和覆盖方式对紫色丘陵区坡耕地水土及养分流失的影响［J］．生态学报，2010，30（22）：6091－6101.

梁淑敏，谢瑞芝，汤永禄，等．不同耕作措施对成都平原稻麦轮作区土壤蓄水抗蚀性及产量的影响［J］．中国水稻科学，2014，28（2）：199－205.

凌静．四川盆地中部紫色土土系划分研究［D］．成都：四川农业大学，2002.

刘定辉，赵燮京，庞良玉，等．川中丘陵旱区小麦覆盖栽培技术研究［J］．西南农业学报，2002，15（4）：44－49.

刘定辉，李勇．植物根系提高土壤抗侵蚀性机理研究［J］．水土保持学报，2003，17（3）：34－37.

刘国彬．黄土高原草地土壤抗冲性及其机理研究［J］．水土保持学报，1998（1）：93－96.

刘梦云，吴健利，刘丽雯，等．黄土台塬土地利用方式对土壤水稳性团聚体稳定性影响［J］．自然资源学报，2016，31（9）：1564－1576.

鲁植雄，张维强，潘君拯．分形理论及其在农业土壤中的应用［J］．土壤学进展，1994（5）：40－45.

路国彬，王夏晖．基于养分平衡的有机肥替代化肥潜力估算［J］．中国猪业，2016，11（11）：15－18.

罗贤安．黄土区土壤腐殖物质的化学性质及其与成土条件的关系［J］．土壤学报，1981（4）：353－359.

骆东奇，侯春霞，魏朝富，等．旱地紫色土团聚体特征的指标比较［J］．山地学报，2003，21（3）：348－353.

马的日排泄氮磷量参考文献计算：马威．马牛圈粪的积存和施用［J］．新农业，1984（12）.

莫靖龙. 人工模拟降雨条件下红壤黏粒流失规律初探 [D]. 长沙：湖南师范大学，2009.

潘义国，丁贵杰，彭云，等. 关于植物根系在土壤抗侵蚀和抗剪切中的作用研究进展 [J]. 贵州林业科技，2007，35 (2)：10-13.

彭里. 重庆市畜禽粪便的土壤适宜负荷量及排放时空分布研究 [D]. 重庆：西南大学，2009.

蒲玉琳，林超文，谢德体，等. 植物篱-农作坡地土壤团聚体组成和稳定性特征 [J]. 应用生态学报，2013，24 (1)：122-128.

蒲玉琳，谢德体，倪九派，等. 紫色土区植物篱模式对坡耕地土壤抗剪强度与抗冲性的影响 [J]. 中国农业科学，2014，47 (5)：934-945.

全国畜牧总站. 土地承载力测算技术指南 [M]. 北京：中国农业出版社.

沈慧，鹿天阁. 水土保持林土壤可蚀性能评价研究 [J]. 应用生态学报，2000，11 (3)：345-348.

史东梅，吕刚，蒋光毅，等. 马尾松林地土壤物理性质变化及可蚀性研究 [J]. 水土保持学报，2005，19 (6)：35-39.

史晓梅，史东梅，文卓立. 紫色土丘陵区不同土地利用类型土壤可蚀性特征研究 [J]. 水土保持学报，2007，21 (4)：63-66.

史长婷，王恩姮，陈祥伟. 典型黑土区水土保持林对土壤可蚀性的影响 [J]. 水土保持学报，2009，23 (3)：25-28.

宋坤，潘晓星，穆立蔷. 6种草本植物根系土壤抗冲性 [J]. 国土与自然资源研究，2013 (3)：82-83.

宋日，吴春胜. 深松土对玉米根系生长发育的影响 [J]. 吉林农业大学学报，2000，22 (4)：73-75.

苏正安，张建辉，聂小军. 紫色土坡耕地土壤物理性质空间变异对土壤侵蚀的响应 [J]. 农业工程学报，2009，25 (5)：54-60.

隋跃宇，焦晓光，高崇生，等. 土壤有机质含量与土壤微生物量及土壤酶活性关系的研究 [J]. 土壤通报，2009，40 (5)：1036-1039.

孙泉忠，高华端，刘瑞禄，等. 黔中喀斯特地区土力学特性对土壤侵蚀的影响 [J]. 水土保持学报，2010，24 (6)：38-41.

唐克丽. 生草灰化与黑钙土的可蚀性能及其提高途径 [C]. 中国科学情报所中国留学生论文 [C]，1964.

王彬. 东北典型薄层黑土区土壤可蚀性关键因子分析与土壤可蚀性计算 [D]. 杨凌：西北农林科技大学，2009.

王彬. 土壤可蚀性动态变化机制与土壤可蚀性估算模型 [D]. 杨凌：西北农林科技大学，2013.
王恩姮，赵雨森，陈祥伟. 基于土壤三相的广义土壤结构的定量化表达 [J]. 生态学报，2009，29 (4)：2067 - 2072.
王景燕，胡庭兴，龚伟，等. 川南地区不同退耕地对土壤可蚀性的影响 [J]. 中国水土保持，2010，(12)：30 - 33.
王莉萍，王秀荣，王维国. 中国区域降水过程综合强度评估方法研究及应用 [J]. 自然灾害学报，2015 (2)：186 - 194.
王培，马友华，赵艳萍，等. SWAT 模型及其在农业面源污染研究中的应用 [J]. 农业资源与环境学报，2008，25 (5)：105 - 109.
王奇，陈海丹，王会. 基于土地氮磷承载力的区域畜禽养殖总量控制研究 [J]. 中国农学通报，2011，27 (3)：279 - 284.
王尚，蒋宏忱，黄柳琴，等. 中国东部农耕区土壤微生物碳的分布及影响因素 [J]. 地学前缘，2011，18 (6)：134 - 142.
王轶浩，耿养会，黄仲华. 三峡库区紫色土植被恢复过程的土壤团粒组成及分形特征 [J]. 生态学报，2013，33 (18)：5493 - 5499.
魏朝富，高明，谢德体，等. 有机肥对紫色水稻土水稳性团聚体的影响 [J]. 土壤通报，1995 (3)：114 - 116.
魏艳春，马天娥，魏孝荣，等. 黄土高原旱地不同种植系统对土壤水稳性团聚体及碳氮分布的影响 [J]. 农业环境科学学报，2016，35 (2)：305 - 313.
吴承祯，洪伟. 不同经营模式土壤团粒结构的分形特征研究 [J]. 土壤学报，1999，36 (2)：162 - 167.
吴忠厚. 四川旱作农业的探讨 [J]. 四川农业科技，2000 (6)：4 - 5.
向霄，钟玲盈，王鲁梅. 非点源污染模型研究进展 [J]. 上海交通大学学报 (农业科学版)，2013，31 (2)：53 - 60.
徐少君，曾波. 三峡库区 5 种耐水淹植物根系增强土壤抗侵蚀效能研究 [J]. 水土保持学报，2008，22 (6)：13 - 18.
许宗林，苟曦，李昆，等. 四川省耕地土壤养分分布特征与动态变化趋势探讨 [J]. 西南农业学报，2008，21 (3)：718 - 723.
宣梦，许振成，吴根义，等. 中国规模化畜禽养殖粪污资源化利用分析 [J]. 农业资源与环境学报，2018，35 (02)：126 - 132.
薛亦峰，王晓燕. HSPF 模型及其在非点源污染研究中的应用 [J]. 首都师范大学学报（自然科学版），2009，30（3）：61－65.

闫洪亮，王胜楠，邹洪涛，等. 秸秆深还田两年对东北半干旱区土壤有机质、pH值及微团聚体的影响［J］. 水土保持研究，2013，20（4）：44－48.

闫靖华，张凤华，谭斌，等. 不同恢复年限对土壤有机碳组分及团聚体稳定性的影响［J］. 土壤学报，2013，50（6）：1183－1190.

闫建梅，何丙辉，田太强. 不同施肥与耕作对紫色土坡耕地土壤侵蚀及氮素流失的影响［J］. 中国农业科学，2014，47（20）：4027－4035.

杨飞，杨世琦，诸云强，等. 中国近30年畜禽养殖量及其耕地氮污染负荷分析［J］. 农业工程学报，2013，29（5）：1－11.

杨凯，赵允格，马昕昕. 黄土丘陵区生物土壤结皮层水稳性［J］. 应用生态学报，2012，23（1）：173－177.

杨培岭，罗远培，石元春. 用粒径的重量分布表征的土壤分形特征［J］. 科学通报，1993，38（20）：1896－1899.

杨如萍，郭贤仕，吕军峰，等. 不同耕作和种植模式对土壤团聚体分布及稳定性的影响［J］. 水土保持学报，2010，24（1）：252－256.

杨文元，李大祥. 格网式垄作及其效益研究［J］. 中国水土保持，1995（2）：25－28.

杨文元，张奇. 紫色丘陵区土壤抗冲性研究［J］. 水土保持学报，1997（2）：22－28.

叶佳舒，李涛，胡亚军，等. 干旱条件下AM真菌对植物生长和土壤水稳定性团聚体的影响［J］. 生态学报，2013，33（4）：1080－1090.

尹瑞玲. 微生物与土壤团聚体［J］，土壤学进展，1985，4：24－29.

游来勇，李冰，王昌全，等. 秸秆还田量对麦-稻轮作体系作物产量、氮素吸收利用效率的影响. 核农学报，2015，29（12）：2394－2401.

于峰，史正涛，彭海英. 农业非点源污染研究综述［J］. 环境科学与管理，2008，33（8）：54－58.

余进祥，刘娅菲. 农业面源污染理论研究及展望［J］. 江西农业学报，2009，21（1）：137－142.

余新晓，陈丽华. 黄土高原沟壑区土壤可蚀性的初步研究［J］. 北京林业大学学报，1988（1）：28－34.

袁志发，宋世德. 多元统计分析［M］. 北京：科学出版社，2009.

张斌，许玉芝，李娜，等. 土壤团聚结构变化的关键控制过程研究进展［J］. 土壤与作物，2014（2）：41－49.

张凤荣. 面向21世纪课程教材，土壤地理学［M］. 北京：中国农业出版社，2002.

张建军，张宝颖，毕华兴，等. 黄土区不同植被条件下的土壤抗冲性［J］. 北京林业大学学报，2004，26（6）：25－29.

张科利，蔡永明，刘宝元，等. 黄土高原地区土壤可蚀性及其应用研究［J］. 生态学报，2001，21（10）：1687－1695.

张科利，蔡永明，刘宝元，等. 土壤可蚀性动态变化规律研究［J］. 地理学报，2001，56（6）：673－681.

张丽萍，朱钟麟，邓良基. 四川省坡耕地资源及其治理对策［J］. 水土保持通报，2004，24（3）：47－49.

张奇，杨文元. 川中丘陵小流域水土流失特征与调控研究［J］. 水土保持学报，1997（3）：38－45.

张秦岭，李占斌，徐国策，等. 丹江鹦鹉沟小流域不同土地利用类型的粒径特征及土壤颗粒分形维数［J］. 水土保持学报，2013，27（2）：244－249.

张晴雯，陈尚洪，刘定辉，等. 农业措施对玉米季坡耕地水沙过程的调控效应［J］. 核农学报，2016，30（7），1395－1403.

张孝存，郑粉莉，王彬，等. 不同开垦年限黑土区坡耕地土壤团聚体稳定性与有机质关系［J］. 陕西师范大学学报（自科版），2011，39（5）：90－95.

张艺，李海光，余新晓，等. 黄土高原典型流域土壤抗冲特性研究［J］. 水土保持通报，2012，32（2）：60－63.

张洲，谢贤健，李想，等. 川中丘陵区不同巨桉林地模式下土壤可蚀性研究［J］. 水土保持研究，2014，21（2）：1－5.

章明奎，何振立，陈国潮，等. 利用方式对红壤水稳定性团聚体形成的影响［J］. 土壤学报，1997（4）：359－366.

赵串串，高瑞梅，章青青. 基于 AnnAGNPS 模型的罗李村子流域水文模拟与评价［J］. 水土保持研究，2017，24（2）：137－141.

赵辉. 南方花岗岩地区红壤侵蚀与径流输沙规律研究［D］. 北京：北京林业大学，2008.

赵鹏，史东梅，赵培，等. 紫色土坡耕地土壤团聚体分形维数与有机碳关系［J］. 农业工程学报，2013，29（22）：137－144.

赵燮京，刘定辉. 四川紫色丘陵区旱作农业的土壤管理与水土保持［J］. 水土保持学报，2002，16（5）：6－10.

赵燮京，张建华. 川中丘陵区旱抗旱节水的主要途径［J］. 土壤农化通报，1997（3）：30－35.

郑存德. 土壤物理性质对玉米生长影响及高产农田土壤物理特征研究［D］. 沈阳：沈阳农

业大学，2012.

郑纪勇，邵明安，张兴昌. 黄土区坡面表层土壤容重和饱和导水率空间变异特征［J］. 水土保持学报，2004，18（3）：53－56.

郑子成，张锡洲，李廷轩，等. 玉米生长期土壤抗剪强度变化特征及其影响因素［J］. 农业机械学报，2014，45（5）：125－130.

中国科学院南京土壤研究所土壤物理研究室. 土壤物理性质测定法［M］. 北京：科学出版社，1978.

周虎，吕贻忠，杨志臣，等. 保护性耕作对华北平原土壤团聚体特征的影响［J］. 中国农业科学，2007，40（9）：1973－1979.

周佩华，武春龙. 黄土高原土壤抗冲性的试验研究方法探讨［J］. 水土保持学报，1993（1）：29－34.

周振方，胡雅杰，马灿，等. 长期传统耕作对土壤团聚体稳定性及有机碳分布的影响［J］. 干旱地区农业研究，2012，30（6）：145－151.

周淑梅，雷廷武. 黄土丘陵沟壑区典型小流域 SCS－CN 方法初损率取值研究［J］. 中国农业科学，2011，44（20）：4240－4247.

朱显谟，田积莹. 强化黄土高原土壤渗透性及抗冲性的研究［J］. 水土保持学报，1993，（3）：1－10.

朱显谟，张相麟，雷文进. 泾河流域土壤侵蚀现象及其演变［J］. 土壤学报，1954，2（4）：3－16.

朱显谟. 黄土地区植被因素对于水土流失的影响［J］. 土壤学报，1960（2）：110－121.

邹翔，崔鹏，陈杰，等. 小江流域土壤抗冲性实验研究［J］. 水土保持学报，2004，18（2）：71－73.